绿色建筑和绿色施工技术

吴兴国　编著

中国环境出版社·北京

图书在版编目（CIP）数据

绿色建筑和绿色施工技术 / 吴兴国编著. —北京：
中国环境出版社，2013.12（2014.4 重印）
ISBN 978-7-5111-1658-1

Ⅰ. ①绿…　Ⅱ. ①吴…　Ⅲ. ①生态建筑—工程施工
Ⅳ. ①TU74

中国版本图书馆 CIP 数据核字（2013）第 285952 号

出 版 人　王新程
责任编辑　张于嫣　辛　静
责任校对　唐丽虹
封面设计　宋　瑞

出版发行　中国环境出版社
　　　　　（100062　北京市东城区广渠门内大街 16 号）
　　　　　网　　址：http://www.cesp.com.cn
　　　　　电子邮箱：bjgl@cesp.com.cn
　　　　　联系电话：010-67112765（编辑管理部）
　　　　　　　　　　010-67150545（建筑图书出版中心）
　　　　　发行热线：010-67125803，010-67113405（传真）
印　　刷　北京中科印刷有限公司
经　　销　各地新华书店
版　　次　2013 年 12 月第 1 版
印　　次　2014 年 4 月第 2 次印刷
开　　本　787×1092　1/16
印　　张　10
字　　数　238 千字
定　　价　25.00 元

前　言

在面临资源能源趋紧、环境污染严重、生态系统退化的严峻形势下，党的十八大提出的"生态文明建设"，给我国绿色建筑的发展指明了方向。

建筑业作为国民经济的支柱产业，在推动我国的经济和社会发展的同时，也带来了巨大的资源能源消耗、生态破坏和环境污染。

绿色建筑和绿色施工技术，是建筑业可持续发展的重要组成部分，也是建筑业本身必须做到节约资源能源和保护生态环境的基本要求。正是立足于此，我们组织编写了本教材，期望满足工程建设领域管理人员和专业技术人员学习绿色建筑和绿色施工技术的需求。

本教材的编写，遵循科学性、可读性、实用性、前瞻性的原则，以国内外绿色建筑发展进程为主线，从纵横两个方面展开，纵的叙发展，横的作比较，开拓读者的思维空间，帮助读者树立绿色建筑的理念，掌握绿色建筑的发展规律，明确绿色建筑是建筑业发展的必然选择。

教材分六章，内容包括绿色建筑材料、绿色建筑及发展进程、绿色建筑评价技术细则、绿色建筑施工内容、绿色施工技术和绿色建筑工程解读。章节的编排，循序渐进，揭示内在规律；章节的内容，注重理念与践行结合，绿色施工新技术一章，是依据住房和城乡建设部《关于做好建筑业 10 项新技术（2010）推广应用的通知》编写的，内容的取舍，贴近建筑业的实际。

教材编写的内容做到"精"而"全"，是本非常好的绿色建筑的小百科全书，适应的读者群很广，还可作为大土木工程的规划、设计、施工、监理和大专院校土木工程专业学生培训教材和参考书。

本教材是作者数十年在工程实践和教学工作中资料的积累，并参考了大量相关的书籍、报刊文献资料，在此向各位专家、学者致以感谢。

吴兴国

2013 年 10 月

目　　录

第一章　绿色建筑材料 1
　　第一节　绿色建筑材料概述 1
　　第二节　国外绿色建材的发展及评价 3
　　第三节　国内绿色建筑材料的发展及评价 5
　　第四节　绿色建筑材料的应用 13

第二章　绿色建筑及发展进程 19
　　第一节　绿色建筑理念 19
　　第二节　国外绿色建筑发展进程 20
　　第三节　国内绿色建筑发展进程 24

第三章　绿色建筑评价技术细则 45
　　第一节　编制的原则、框架 45
　　第二节　《细则》相关评价内容 45

第四章　绿色建筑施工内容 62
　　第一节　绿色施工的理念 62
　　第二节　绿色施工方案点评 72
　　第三节　绿色施工方案范例精选 103

第五章　绿色施工技术 108
　　第一节　基坑施工封闭降水技术 108
　　第二节　施工过程回水利用技术 110
　　第三节　外墙自保温体系施工技术 112
　　第四节　粘贴式外墙外保温隔热系统施工技术 113
　　第五节　TCC 建筑保温模板系统施工技术 117

第六节　现浇混凝土外墙外保温施工技术 119

第七节　硬泡聚氨酯外墙喷涂保温施工技术 121

第八节　铝合金窗断桥技术 123

第九节　太阳能与建筑一体化应用技术 129

第十节　建筑外遮阳技术 131

第十一节　植生（绿化）混凝土 133

第十二节　透水混凝土 137

第六章　绿色建筑工程解读 141

第一节　中国石油大厦（北京）..141

第二节　中国节能建筑科技馆 143

第三节　苏州绿地·华尔道名邸 42、43、45～51 号楼 146

第四节　博思格西安工厂项目 148

参考文献 152

第一章　绿色建筑材料

第一节　绿色建筑材料概述

在探讨绿色建筑材料之前，先明确绿色材料的概念。

绿色材料，是在 1988 年第一届国际材料科学研究会上首次被提出来的。1992 年国际学术界给绿色材料的定义为："在原料采取、产品制造、应用过程和使用以后的再生循环利用等环节中对地球环境负荷最小和对人类身体健康无害的材料。"

人们对绿色材料能够形成共识的主要包括五个方面：占用人的健康资源、能源效率、资源效率、环境责任、可承受性。其中还包括对污染物的释放、材料的内耗、材料的再生利用、对水质和空气的影响等。

绿色建筑材料含义的范围比绿色材料要窄，对绿色建筑材料的界定，必须综合考虑建筑材料的生命周期全过程的各个阶段。

一、绿色建筑材料应具有的品质

（1）保护环境。材料尽量选用天然化、本地化、无害无毒且可再生、可循环的材料。

（2）节约资源。材料使用应该减量化、资源化、无害化，同时开展固体废物处理和综合利用技术。

（3）节约能源。在材料生产、使用、废弃以及再利用等过程中耗能低，并且能够充分利用绿色能源，如太阳能、风能、地热能和其他再生能源。

二、绿色建筑材料的特点

（1）以低资源、低能耗、低污染生产的高性能建筑材料，如用现代先进工艺和技术生产高强度水泥，高强钢等。

（2）能大幅度降低建筑物使用过程中的耗能的建筑材料，如具有轻质、高强、防水、保温、隔热、隔声等功能的新型墙体材料。

（3）具有改善居室生态环境和保健功能的建筑材料，如抗菌、除臭、调温、调湿、屏蔽有害射线的多功能玻璃、陶瓷、涂料等。

三、绿色建筑材料与传统建筑材料的区别

绿色建筑材料与传统建筑材料的区别，主要表现在如下几个方面：

（1）生产技术。绿色建材生产采用低能耗制造工艺和不污染环境的生产技术。

（2）生产过程。绿色建材在生产配置和生产过程中，不使用甲醛、卤化物溶剂或芳香烃；不使用含铅、镉、铬及其化合物的颜料和添加剂；尽量减少废渣、废气以及废水的排放量，或使之得到有效的净化处理。

（3）资源和能源的选用。绿色建材生产所用原料尽可能少用天然资源，不应大量使用尾矿、废渣、垃圾、废液等废弃物。

（4）使用过程。绿色建材产品是以改善人类生活环境、提高生活质量为宗旨，有利于人体健康。产品具有多功能的特征，如抗菌、灭菌、防毒、除臭、隔热、阻燃、防火、调温、调湿、消声、消磁、防辐射和抗静电等。

（5）废弃过程。绿色建材可循环使用或回收再利用，不产生污染环境的废弃物。

我国绿色建材的发展从 20 世纪 90 年代的生态环境材料的发展算起已有十几年了，但是远远落后于后来兴起的绿色建筑的发展。在诸多原因中，对于绿色建材的概念与内涵认识不一致，评价指标体系和标准法规的缺失是主要原因。

所以，我们还应从更高的层次、更广泛的社会意义上来理解绿色建材的概念。

四、绿色建筑材料与绿色建筑的关系

绿色建筑材料是绿色建筑的物质基础，绿色建筑必须通过绿色建筑材料这个载体来实现。

但是，目前绿色建筑的发展与绿色建材的发展仍存在断链。我国首版《绿色建筑评价标准》（GB/T 50378—2006）中，只字未提绿色建材。据了解，是因主管部门对绿色建材的概念没有达成共识，评价不具备操作性。

将绿色建筑材料的研究、生产和高效利用能源技术与绿色建筑材料结合，是未来绿色建筑的发展方向。

国务院办公厅转发的国办发[2013]1 号文件，《绿色建筑行动方案》关于大力发展绿色建材是这样表述的：

"因地制宜、就地取材，结合当地气候特点和资源禀赋，大力发展安全耐久、节能环保、施工便利的绿色建材。加快发展防火隔热性能好的建筑保温系统和材料，积极发展烧结空心制品、加气混凝土制品、多功能复合一体化墙体材料、一体化屋面、低辐射镀膜玻璃、断桥隔热门窗、遮阳系统等建材。引导高性能混凝土、高强钢的发展利用，到 2015 年末，标准抗压强度 60 兆帕以上混凝土用量达到总用量的 10%，屈服强度 400 兆帕以上的热轧带肋钢筋用量达到总用量的 45%。大力发展预拌混凝土、预拌砂浆。深入推进墙体材料革新，城市城区限制使用黏土制品，县城禁止使用实心黏土砖。发展改革、住房城乡

建设、工业和信息化、质检部门要研究建立绿色建材认证制度，编制绿色建材产品目录，引导规范市场消费。质检、住房城乡建设、工业和信息化部门要加强建材生产、流通和使用环节的质量监理和稽查，杜绝性能不达标的建材进入市场。积极支持绿色建材产业发展，组织开展绿色建材产业化示范。"

第二节 国外绿色建材的发展及评价

当 1988 年的国际材料科学研究会上首次提出"绿色建材"这一概念的 4 年之后，1992年在里约热内卢的"世界环境与发展"大会上，确定了建筑材料可持续发展的战略方针，制定了未来建材工业循环再生、协调共生、维持自然的发展原则。1994 年联合国又增设了"可持续产品开发"工作组。随后，国际标准化机构（ISO）开始讨论制定环境调和制品（ECP）的标准化，大力推进绿色建材的发展。近 30 年来，欧、美、日等许多国家对绿色建材的发展非常重视，特别是 20 世纪 90 年代后，绿色建材的发展速度明显加快，先后制订了有机挥发物（VOC）散发量的试验方法，规定了绿色建材的性能标准，对建材制品开始推行低 VOC 散发量标志认证，并积极开发了绿色建材新产品。在提倡和发展绿色建材的基础上，一些国家修建了居住或办公用样板绿色建筑。

一、德国

德国的环境标志计划始于 1977 年，是世界上最早的环境标志计划，低 VOC 散发量的产品可获得"蓝天使"标志。考虑的因素主要包括污染物散发、废料产生、再次循环使用、噪声和有害物质等。对各种涂料规定最大 VOC 含量，禁用一些有害材料。对于木制品的基本材料，在标准室试验中的最大甲醛浓度为 0.1×10^{-6} 或 4.5 mg/100 g（干板），装饰后产品在标准室试验中的最大甲醛浓度为 0.05×10^{-6}，最大散发率为 2 mg/m^3。液体色料由于散发烃，不允许被使用。此外，很多产品不允许含德国危害物资法令中禁用的任何填料。

德国开发的"蓝天使"标志的建材产品，侧重于从环境危害大的产品入手，取得了很好的环境效益。在德国，带"蓝天使"标志的产品已超过 3 500 个。"蓝天使"标志已为约80%的德国用户所接受。

二、加拿大

加拿大是积极推动和发展绿色建材的北美国家。加拿大的 Ecologo 环境标志计划规定了材料中的有机物散发总量（TVOC），如：水性涂料的 TVOV 指标为不大于 250 g/L，胶黏剂的 TVOC 规定为不大于 20 g/L，不允许用硼砂。

三、美国

美国是较早提出使用环境标志的国家，均由地方组织实施，虽然至今对健康材料还没有作出全国统一的要求，但各州、市对建材的污染物已有严格的限制，而且要求愈来愈高。材料生产厂家都感觉到各地环境规定的压力，不符合限定的产品要缴纳重税和罚款。环保压力导致很多产品的更新，特别是开发出愈来愈多的低有机挥发物含量的产品。

华盛顿州要求为办公人员提供高效率、安全和舒适的工作环境，颁布建材散发量要求来作为机关采购的依据。

四、丹麦

丹麦于 1992 年发起建筑材料室内气候标志（DICL）系统。材料评价的依据是最常见的与人体健康有关的厌恶气味和黏液膜刺激 2 个项目。已经制定了 2 个标准：一个是关于织物地面材料的（如地毯、衬垫等）；另一个是关于吊顶材料和墙体材料的（如石膏板、矿棉、玻璃棉、金属板）。

五、瑞典

瑞典的地面材料业很发达，大量出口，已实行了自愿性试验计划，测量其化学物质散发量。对地面物质以及涂料和清漆，也在制定类似的标准，还包括对混凝土外加剂。

六、日 本

日本政府对绿色建材的发展非常重视。于 1988 年开展使用环境标志，至今环保产品已有 2 500 多种，日本科技厅制定并实施了"环境调和材料研究计划"。通产省制定了环境产业设想并成立了环境调查和产品调整委员会。近年来在绿色建材的产品研究和开发以及健康住宅样板工程的兴趣等方面都获得了可喜的成果。如秩父-小野田水泥已建成了日产 50 t 生态水泥的实验生产线；日本东陶公司研制成可有效地抑制杂菌繁殖和防止霉变的保健型瓷砖；日本铃木产业公司开发出具有调节湿度功能和防止壁面生霉的壁砖和可净化空气的预制板等。

日本于 1997 年夏天在兵库县建成一栋实验型"健康住宅"，整个住宅尽可能选用不会危害健康的新型建筑材料，九州市按照日本省能源、减垃圾的"日本环境生态住宅地方标准"要求，建造了一栋环保生态高层住宅，是综合利用天然材料建造住宅的尝试。

七、英国

英国是研究开发绿色建材较早的欧洲国家之一。早在 1991 年英国建筑研究院（BRE）曾对建筑材料对室内空气质量产生的有害影响进行了研究；通过对臭味、真菌等的调研和测试，提出了污染物、污染源对室内空气质量的影响。通过对涂料、密封膏、胶黏剂、塑料及其他建筑制品的测试，提出了这些建筑材料在不同时间的有机挥发物散发率和散发量。对室内空气质量的控制、防治提出了建议，并着手研究开发了一些绿色建筑材料。

第三节 国内绿色建筑材料的发展及评价

"绿色"，是我国建筑发展的方向。我国的建材工业发展的重大转型期已经到来。主要表现为：从材料制造到制品制造的转变；从高碳生产方式到低碳生产方式的转变；从低端制造到高端制造的转变。据此，国内专家预测："十二五"期间，水泥、平板玻璃、陶瓷、烧结墙体材料等建筑基础原材料将难以获得市场发展空间，相比之下节能环保的绿色建材将成为发展的主流。

一、发展绿色建材的必要性

1. 高能源消耗、高污染排放的状况必须改变

传统建材工业发展，主要依靠资源和能源的高消耗支撑。建材工业是典型的资源依赖型行业。

当代的中国经济，一年消耗了全世界一年钢铁总量的 45%，水泥总量的 60%。一年消耗的能源占了全世界一年能源消耗总量的 20%多。国内统计：墙体材料资源消耗量和水泥消耗量，就占建材全行业资源消耗的 90%以上。建材工业能耗随着产品产量的提高，逐年增大，建材工作以窑炉生产为主，以煤为主要消耗能源，生产过程中产生的污染物对环境有较大的影响，主要排放的污染物有粉尘和烟尘、二氧化硫、氮氧化物等。特别是粉尘和烟尘的排放量大。为了改变建材高资源消耗和高污染排放的状况，必须发展绿色建材。

2. 建材工业可持续发展必须发展绿色建材

实现建材工业的可持续发展，就要逐步改变传统建筑材料的生产方式，调整建材工业产业结构。依靠先进技术，充分合理利用资源，节约能源，在生产过程中减少对环境的污染，加大对固体废弃物的利用。

绿色建材是在传统建材的基础之上应用现代科学技术发展起来的高技术产品，它采用大量的工业副产品及废弃物为原料，其生产成本比使用天然资源会有所降低，因而会取得比生产传统建材更好的经济效益，这是在市场经济条件下可持续发展的原动力。

如普通硅酸盐水泥不仅要求高品位的石灰石原料烧成温度在 1 450℃以上，消耗更多能源和资源，而且排放更多的有害气体，据统计，水泥工厂所排放的 CO_2，占全球 CO_2 排放量的 5%左右，CO_2 主要来自石灰石的煅烧。如采用高新技术研究开发节能环保型的高性能贝利特水泥，其烧成温度仅为 1 200~1 250℃，预计每年可节省 1 000 万 t 标准煤，可减少 CO_2 总排放量 25%以上，并且可利用低品位矿石和工业废渣为原料，这种水泥不仅具有良好的强度、耐久性和抗化学侵蚀性，而且所产生的经济和社会效益也十分显著。

如我国的火力发电厂每年产生粉煤灰约 1.5 亿 t，要将这些粉煤灰排入灰场需增加占地约 1 000 hm^2，由此造成的经济损失每年高达 300 亿元，如将这些粉煤灰转化为可利用的资源，所取得的经济效益将十分可观。

3. 有利于人类的生存与发展必须发展绿色建材

良好的人居环境是人体健康的基本条件，而人体健康是对社会资源的最大节约，也是人类社会可持续发展的根本保证。绿色建材避免使用了对人体十分有害的甲醛、芳香族碳氢化合物及含有汞、铅、铬化合物等物质，可有效减少居室环境中的致癌物质的出现。使用绿色建材减少了 CO_2、SO_2 的排放量，可有效减轻大气环境的恶化，降低温室效应。没有良好的人居环境，没有人类赖以生存的能源和资源，也就没有了人类自身，因此，为了人类的生存和发展必须发展绿色建材。

二、国内绿色建材发展的现状

我国绿色建材是伴随着改革开放不断深入而发展起来的。从 1979 年到现在，基本完成了从无到有，从小到大，从大到强的发展过程。我国已初步形成了从绿色建材科研、设计、生产到施工的一个完整的系统工程。

绿色建筑材料是在传统建筑材料基础上产生的新一代建筑材料，主要包括新型墙体材料、保温隔热材料、防水密封材料和装饰装修材料等。根据《2013—2017 年中国新型建材行业深度调研与投资战略规划分析报告》披露，2011 年中国城镇化率首次超过 50%，随着城镇化深入，基建投资结构将由传统建材逐渐向城市配套性绿色建材转变。在政策推动下，生产绿色建材行业将受益绿色城镇化，迎来高成长期。

未来的 20 年，我国新建筑的总数量仍将会占世界新建筑总量的一半以上，我国的绿色建材发展会影响世界的可持续发展。

按照土木工程材料功能分类，下面分别以结构材料和功能材料的发展作相关补充介绍：

1. 结构材料

传统的结构用建筑材料有木材、石材、黏土砖、钢材和混凝土。当代建筑结构用材料主要为钢材和混凝土。

（1）木材、石材

木材、石材是自然界提供给人类最直接的建筑材料，不经加工或通过简单的加工就可用于建筑。木材和石材消耗自然资源，如果自然界的木材的产量与人类的消耗量相平衡，那么木材应是绿色的建筑材料；石材虽然消耗了矿山资源，但由于它的耐久性较好，生产能耗低，重复利用率高，也具有绿色建筑材料的特征。

目前能取代木材的绿色建材还不是很多，其中应用较多的是一种绿色竹材人造板，竹材资源已成为替代木材的后备资源。竹材人造板是以竹材为原料，经过一系列的机械和化学加工，在一定的温度和压力下，借助胶黏剂或竹材自身的结合力的作用，胶合而成的板状材料，具有强度高、硬度大、韧性好、耐磨等优点，可用替代木材作建筑模板等。

（2）砌块

黏土砖虽然能耗比较低，但是以毁坏土地为代价的，我国 20 世纪 90 年代开始限制使用黏土砖到如今基本禁止生产和使用。今后墙体绿色材料主要发展方向，是利用工业废渣替代部分或全部天然黏土资源。

目前，全国每年产生的工业废渣数量巨大、种类繁多、污染环境严重。

我国对工业废渣的利用做了大量的研究工作，实践证明，大多数工业废渣都有一定的利用价值。报道较多且较成熟的方法是将工业废渣粉磨达到一定细度后，作为混凝土胶凝材料的掺合料使用，该种方法适用于粉煤灰、矿渣、钢渣等工业废渣。对于赤泥、磷石膏等工业废渣，国外目前还没有大量资源化利用的文献报道。

建筑行业是消纳工业废渣的大户。据统计，全国建筑业每年消耗和利用的各类工业废渣数量在 5.4 亿 t 左右，约占全国工业废渣利用总量的 80%。

目前全国有 1/3 以上的城市被垃圾包围。全国城市垃圾堆存累计占用土地 75 万亩。其中建筑垃圾占城市垃圾总量的 30%～40%。如果能循环利用这些废弃固体物，绿色建筑将可实现更大的节能。

1）废渣砌块主要种类

① 粉煤灰蒸压加气混凝土砌块（以水泥、石灰、粉煤灰等为原料，经磨细、搅拌浇筑、发气膨胀、蒸压养护等工序制造而成的多孔混凝土）。

② 磷渣加气混凝土（在普通蒸压加气混凝土生产工艺的基础上，有富含 CaO、SiO_2 的磷废渣来替代部分硅砂或粉煤灰作为提供硅质成分的主要结构材料）。

③ 磷石膏砌块（磷铵厂和磷酸氢钙厂在生产过程中排出的废渣，制成磷石膏砌块等）。

④ 粉煤灰砖（以粉煤灰、石灰或水泥为主要原料，掺和适量石膏、外加剂、颜料和集料等，以坯料制备、成型、高压或常压养护而制成的粉煤灰砖）。

⑤ 粉煤灰小型空心砌块[以粉煤灰、水泥、各种轻重集料、水为主要组分（也可加入外加剂等）拌和制成的小型空心砌块]。

2）技术指标与技术措施

① 废渣蒸压加气混凝土砌块。废渣蒸压加气混凝土砌块应满足《蒸压加气混凝土砌块》（GB 11968—2006）和《蒸压加气混凝土建筑应用技术规程》（JGJ/T 17—2008）的相关要求。

废渣蒸压加气混凝土砌块施工详见国家标准设计图集，后砌的非承重墙、填充墙或墙与外承重墙相交处，应沿墙高 900～1 000 mm 处用钢筋与外墙拉接，且每边伸入墙内的长度不得小于 700 mm。废渣蒸压加气混凝土砌块施工应采用专用砌筑砂浆和抹面砂浆，砂浆性能应满足《蒸压加气混凝土用砌筑砂浆和抹面砂浆》（JC 890—2001）的要求，施工中应避免加气混凝土湿水。

废渣蒸压加气混凝土砌块适用于多层住宅的外墙、框架结构的填充墙、非承重内隔墙；作为保温材料，用于部位为屋面、地面、楼面以及与易于"热桥"部位的结构符合，也可做墙体保温材料。

适用于夏热冬冷地区和夏热冬暖地区的外墙、内隔墙和分户墙。

建筑加气混凝土砌块之所以在世界各国得到迅速发展，是因为它有一系列的优越性，如节能减排等。废渣加气混凝土砌块作为建筑加气混凝土砌块中的新型产品，比普通加气混凝土砌块更具有优势，具有良好的推广应用前景。

② 磷石膏砌块。高强耐水磷石膏砖和磷石膏盲孔砖技术指标参照《蒸压灰砂砖》（GB 11945—1999）的技术性能要求。

高强耐水磷石膏砌块和磷石膏盲孔砌块可适用于砌体结构的所有建筑的外墙和内填充墙；不得用于长期受热（200℃以上），受急冷急热和有酸性介质侵蚀的建筑部分。

适用于工业和民用建筑中框架结构以及墙体结构建筑的非承重内隔墙，空气湿度较大的场合，应选用防潮石膏砌块。由于石膏砌块具有质轻、隔热、防火、隔声等良好性能，可锯、钉、铣、钻，表面平坦光滑，不用墙体抹灰等特点，具有良好的推广应用前景。

③ 粉煤灰砌块（砖）。粉煤灰混凝土小型空心砌块具有轻质、高强、保温隔热性能好等特点，其性能应满足《粉煤灰混凝土小型空心砌块》（JC/T 862—2008）的技术要求。

粉煤灰实心砖性能应满足《粉煤灰砖》（JC 239—2001）的技术要求；以粉煤灰、页岩为主要原料结焙烧而形成的普通砖应满足《烧结普通砖》（GB 5101—2003）的技术要求。

粉煤灰混凝土小型空心砌块适用于工业与民用建筑房屋的承重和非承重墙体。其中承重砌块强度等级分为 MU7.5～MU20，可用于多层及中高层（8～12 层）结构；非承重砌块强度等级＞MU3.0 时，可用于各种建筑的隔墙、填充墙。

粉煤灰混凝土小型空心砌块为住房和城乡建设部、国家科委重点推广产品，除具有粉煤灰砖的优点外，还具有轻质、保温、隔声、隔热、结构科学、造型美观、外观尺寸标准等特点，是替代传统墙体材料——黏土实心砖的理想产品。

我国近年来工业废渣年排放量近 10 亿 t，累计总量已达 66 亿 t，实际上绝大部分工业废渣均可代替为黏土砖原料，但利用率却很低。近几年，通过各方面的努力，我国绿色墙体材料发展较快，在墙体材料总量中的比例由 1987 年的 4.58%上升到当今的 80%以上。绿色墙体材料品种主要有黏土空心砖、非黏土砖、加气混凝土砌块等。绿色墙体材料虽然发展很快，但代表墙体材料现代水平的各种轻板、复合板所占比重仍很小，还不到整个墙体材料总量的 1%，与工业发达国家相比，相对落后 40～50 年。主要表现在：产品档次低、工艺装备落后、配套能力差。

（3）钢材

钢材的耗能和污染物排放量，在建筑材料中是第一的。由于钢材的不可替代性，"绿色钢材"主要发展方向是在生产过程中如何提高钢材的绿色"度"，如在环保、节能、重复使用方面，研究发展新技术，加快钢材的绿色化进程。如提高钢强度、轻型、耐腐蚀等。

（4）混凝土

混凝土是由水泥和集料组成复合材料。生产能耗大，主要是由水泥生产造成的。传统的水泥生产需要消耗大量的资源与能量，并且对环境的污染大。水泥生产工艺的改善是绿色混凝土发展的重要方向。目前水泥绿色生产工艺主要采用新型干法生产工艺取代落后的立窑等工艺。

当今土木工程使用的绿色混凝土主要有低碱性混凝土、多孔（植生）混凝土、透水混凝土、生态净水混凝土等。其中应用较广泛的是多孔（植生）混凝土。

多孔（植生）混凝土也称为无砂混凝土，直接用水泥作为黏结剂连接粗骨料，它具有连续空隙结构的特征。其透气和透水性能良好，连续空隙可以作为生物栖息繁衍的空间，可以降低环境负荷。

绿色高性能混凝土是当今世界上应用最广泛、用量最大的土木工程材料，然而在许多国家混凝土都面临劣化现象，耐久性不良的严重问题。因劣化引起混凝土结构开裂，甚至崩塌事故屡屡发生，如水工、海工建筑与桥梁尤为多见。

混凝土作为主要建筑材料，耐久的重要性不亚于强度。我国正处于建设高速发展时期，大量高层、超高层建筑及跨海大桥对耐久性有更高的要求。

绿色混凝土是混凝土的发展方向。绿色混凝土应满足如下的基本条件：

1）所使用的水泥必须为绿色水泥。此处的"绿色水泥"是针对"绿色"水泥工业来说的。绿色水泥工业是指将资源利用率和二次能源回收率均提高到最高水平，并能够循环利用其他工业的废渣和废料；技术装备上更加强化了环境保护的技术和措施；粉尘、废渣和废气等的排放几乎为零，真正做到不仅自身实现零污染、无公害，还因循环利用其他工业的废料、废渣而帮助其他工业进行"三废"消化，最大限度地改善环境。

2）最大限度地节约水泥熟料用量，减少水泥生产中的 NO_2、SO_2、NO 等气体，以减少对环境的污染。

3）更多地掺入经过加工处理的工业废渣，如磨细矿渣、优质粉煤灰、硅灰和稻壳灰等作为活性掺合料，以节约水泥，保护环境，并改善混凝土耐久性。

4）大量应用以工业废液尤其是黑色纸浆废液为原料制造的减水剂，以及在此基础上研制的其他复合外加剂，帮助造纸工业消化处理难以治理的废液排放污染江河的问题。

5）集中搅拌混凝土和大力发展预拌混凝土，消除现场搅拌混凝土所产生的废料、粉尘和废水，并加强对废料和废水的循环使用。

6）发挥 HPC 的优势，通过提高强度、减小结构截面积或结构体积，减少混凝土用量，从而节约水泥、砂、石的用量；通过改善和易性提高浇筑密实性，通过提高混凝土耐久性，延长结构物的使用寿命，进一步节约维修和重建费用，做到对自然资源有节制的使用。

7）砂石料的开采应该有序且以不破坏环境为前提。积极利用城市固体垃圾，特别是拆除的旧建筑物和构筑物的废弃物混凝土、砖、瓦及废物，以其代替天然砂石料，减少砂石料的消耗，发展再生混凝土。

2. 功能材料

目前国内建筑功能材料迅速发展，正在形成高技术产业群。我国高技术（863）计划、国家重大基础研究（973）计划、国家自然科学基金项目中功能材料技术项目约占新材料领域的 70%，并取得了研究成果。

建筑绿色功能材料主要体现在以下三个方面：

节能功能材料。如各类新型保温隔热材料，常见的产品主要有聚苯乙烯复合板、聚氨酯复合板、岩棉复合板、钢丝网架聚苯乙烯保温墙板、中空玻璃、太阳能热反射玻璃等。

充分利用天然能源的功能材料。将太阳能发电、热能利用与建筑外墙材料、窗户材料、屋面材料和构件一体化，如太阳能光电屋顶、太阳能电力墙、太阳能光电玻璃等。

改善居室生态环境的绿色功能材料。如健康功能材料（抗菌材料、负离子内墙涂料）、调温、调湿内墙材料、调光材料、电磁屏蔽材料等。

（1）保温隔热材料

1980 年以前，我国保温材料的发展十分缓慢，为数不多的保温材料厂只能生产少量的膨胀珍珠岩、膨胀蛭石、矿渣棉、超细玻璃棉、微孔硅酸钙等产品。无论从产品品种、规格还是质量等方面都不能满足国家建筑节能的需要，与国外先进水平相比较，至少落后了 30 年。2007 年以后，国内的保温隔热材料总算有了长足的发展，但与发达国家相比主要差距是：

1）保温隔热材料在国外的最大用户是建筑业，约占产量的 80%，而我国建筑业市场尚未完全打开，其应用仅占产量的 10%；

2）生产工艺整体水平和管理水平需进一步提高，产品质量不够稳定；

3）科研投入不足，应用技术研究和产品开发滞后，特别是保温材料在建筑中的应用技术研究与开发方面，多年来进展缓慢，严重地影响了保温材料工业的健康发展；

4）加强新型保温隔热材料和其他新型建材制品设计施工应用方面的工作，是发展新型建材工业的当务之急。

当今，全球保温隔热材料正朝着高效、节能、薄层、防水外护一体化方向发展。

（2）防水材料

建筑防水材料是一类能使建筑物和构筑物具有防渗、防漏功能的材料，是建筑物的重要组成部分。建筑防水材料应具有的基本性能：防渗防漏、耐候（温度稳定性）、具有拉力（延伸性）、耐腐蚀、工艺性好、耗能少、环境污染小。

传统防水材料的缺点：热施工、污染环境、温度敏感性强、施工工序多、工期长。

改革开放以来，我国建筑防水材料获得了较快的发展，体现了"绿色"，一是材料"新"，二是施工方法"新"。

新型防水材料的开发、应用，它不仅在建筑中与密封、保温要求相结合，也在舒适、节能、环保等各个方面提出更新的标准和更高的要求。应用范围已扩展到铁路、高速公路、水利、桥梁等各个领域。

如今，我国已能开发与国际接轨的新型防水材料。

当前，按国家建材行业及制品导向目录要求及市场走势，SBS、APP 改性沥青防水卷材仍是主导产品。高分子防水卷材重点发展三元乙丙橡胶（EPDM）、聚氯乙烯（PVC）P型两种产品，并积极开发热塑性聚烯烃（TPO）防水卷材。防水涂料前景看好的是聚氯酯防水材料（尤其是环保单组分）及丙烯酸酯类。密封材料仍重点发展硅酮、聚氨酯、聚硫、丙烯酸等。

"十一五"期间，新型防水材料年平均增长率将逐步加大，预计在全国防水工程的占有率达到50%以上。

新型防水材料应用于工业与民用建筑，特别是住宅建筑的屋面、地下室、厕浴、厨房、地面建筑外墙防水外，还将广泛用于新建铁路、高速公路、轻轨交通（包括桥面、隧道）、水利建设、城镇供水工程、污水处理工程、垃圾填埋工程等。

建筑防水材料随着现代工业技术的发展，正在趋向于高分子材料化。国际上形成了"防水工程学"、"防水材料学"等学科。

日本是建筑防水材料发展最快的国家之一。多年来，他们注意汲取其他国家防水材料的先进经验，并大胆使用新材料、新工艺，使建筑防水材料向高分子化方向发展。

建筑简便的单层防水，建筑防水材料趋向于冷施工的高分子材料，是我国今后建筑绿色防水材料的发展方向。

（3）装饰装修材料

建筑装饰装修工程，在建筑工程中的地位和作用，随着我国经济的发展和加快城镇化建设，已经成为一个独立的新兴行业。

建筑装饰装修的作用：保护建筑物的主体结构，完善建筑物的使用功能，美化建筑物。装饰装修对美化城乡建筑，改善人居和工作环境具有十分重要的意义，人们已经认识到了，改善人居环境绝不能以牺牲环境和健康作为代价。

绿色装饰装修材料的基本条件：环保、节能、多功能、耐久。

三、绿色建筑材料的评价

如何评价"绿色建材"，目前国内还没有统一的标准。因此，制定一套可行的"绿色建材评价标准"已成为当务之急。2002年，为了响应兴办"绿色奥运"的主题，科技部和北京市委设立了《奥运绿色建筑评估体系的研究》课题，其中对绿色建材的评价进行了初步的探究。但到目前为止仍然没有颁布统一的评价标准。其主要原因是在评价标准中，对存在着一些问题没有达成共识。本书在这里作出简要概述。

1. 绿色建筑材料评价的体系

（1）单因子评价

单因子评价，即根据单一因素及影响因素确定其是否为绿色建材。例如对室内墙体涂料中有害物质限量（甲醛、重金属、苯类化合物等）做出具体数位的规定，符合规定的就认定为绿色建材，不符合规定的则为非绿色建材。

（2）复合类评价

复合类评价，主要由挥发物总含量、人体感觉试验、防火等级和综合利用等指标构成。并非根据其中一项指标判定是否为绿色建材，而是根据多项指标综合判断，最终给出评价，确定其是否为绿色建材。

从以上两种评价角度可以看出，绿色建材是指那些无毒无害、无污染、不影响人和环境安全的建筑材料。这两种评价实际就是从绿色建材定义的角度展开，同时是对绿色建材内涵的诠释，不能完全体现出绿色建材的全部特征。这种评价的主要缺陷局限于成品的某些个体指标，而不是从整个生产过程综合评价，不能真正地反映材料的绿色化程度。同时，它只考虑建材对人体健康的影响，并不能完全反映其对环境的综合影响。这样就会造成某些生产商对绿色建材内涵的片面理解，为了达到评价指标的要求，忽视消耗的资源、能源及对环境的影响远远超出了绿色建材所要求的合理范围。例如，某新型墙体材料能够替代传统的黏土砖同时能够利用固体废弃物，从这里可能评价为符合绿色建材的标准，但从生产过程来看，若该种墙体材料的能耗或排放的"三废"远远高于普通黏土砖，我们就不能称它为绿色建材。

故单因子评价、复合类评价只能作为一种简单的鉴别绿色建材的手段。

（3）全生命周期（LCA）评价

目前国际上通用的是全生命周期（LCA）评价体系。1990年国际环境毒理学与化学学会（SETAC）将全生命周期评价定义为：一种对产品、生产工艺及活动对环境的压力进行评价的客观过程。这种评价贯穿于产品、工艺和活动的整个生命周期。包括原材料的采取与加工、产品制造、运输及销售产品的使用、再利用和维护、废物循环和最终废物弃置等方面。它是从材料的整个生命周期对自然资源、能源及对环境和人类健康的影响等多方面多因素进行定性和定量评估。能全面而真实地反映某种建筑材料的绿色化程度，定性和定量评估提高了评价的可操作性。

尽管生命周期评价是目前评价建筑材料的一种重要方法，但也有其局限性：

1）建立评估体系需要大量的实践数据和经验累积，评价过程中的某些假设与选项有可能带有主观性，会影响评价的标准性和可靠性；

2）评估体系及评估过程复杂，评估费用较高。就我国目前的情况来看，利用该方法对我国绿色建材进行评价还存在一定的难度。

2. 制定适合我国国情的绿色建材评价体系

我国绿色建材评价系统起步较晚。但为了把我国的绿色建筑提高到一个新的水平，故需要制定一部科学而又适合国情的绿色建材评价标准和体系。

（1）绿色建材评价应考虑的因素

1）评价应选用使用量大而广的绿色建材

从理念上讲，绿色建材评价应针对全部建材产品，但考虑到我国目前建材的发展水平和在建材方面的评估认证等相关基础工作开展情况，我国的建材评价体系不可能全部覆盖。建材处于不同发展阶段相应的评价标准也不尽相同。评价体系最初主要针对使用量最大、使用范围最广、人们最关心的开始。随着建材工业的发展和科技的进步，不断地对标准进行完善，逐步扩大评价范围。

2）评价必须满足的两大标准

一是质量指标，主要指现行国家或行业标准规定的产品的技术性能指标，其标准应为国家或行业现行标准中规定的最低值或最高值，必须满足质量指标才有资格参与评定绿色建材；二是环境（绿色）指标，是指在原料采取、产品制造、使用过程和使用以后的再生循环利用等环节中对资源、能源、环境影响和对人类身体健康无危害化程度的评价指标。同时，为鼓励生产者改进工艺，淘汰落后产能，提高清洁生产水平，也可设立相应的附加考量标准。

3）评价必须与我国建材技术发展水平相适应

评价要充分考虑消费者、生产者的利益，绿色建材评价标准的制定必须与我国建材技术的发展水平相适应。评价不能安于现状，还要根据社会可持续发展的要求，适应生产力发展水平。同时，体系应有其动态性，随着科技的发展，相应的指标限值必将作出适当的调整。此外，要充分考虑消费者和生产者的利益。某些考虑指标的具体限值要经过充分调研的基础上确定，既不能脱离生产实际，将其仅仅定位于国家相关行业标准的水平，也不能一味地追求"绿色"，将考量指标的限位定位过高。科学的评价标准不仅能使广大消费者真正使用绿色建材，也能促使我国建材生产者规范其生产行为，促进我国建材行业的发展。

（2）绿色建材的评价需要考虑的原则

1）相对性原则。绿色建筑材料都是相对的，需要建立绿色度的概念和评价方法。例如混凝土、玻璃、钢材、铝型材、砖、砌块、墙板等建筑结构材料，在生命周期的不同阶段的绿色度是不同的。

2）耐久性原则。建筑的安全性建立在建筑的耐久性之上，建筑材料的寿命应该越长越好。耐久性应该成为评价绿色建材的重要原则。

3）可循环性原则。对建筑材料及制品的可循环要求是指建筑整体或部分废弃后，材料及构件制品的可重复使用性，不能使用后的废弃物作为原料的可再生性。这个原则是绿色建材的必然要求。

4）经济性原则。绿色建筑和绿色建材的发展毕竟不能超越社会经济发展的阶段。逐步提高绿色建材的绿色度要求，在满足绿色建筑和绿色建材设计要求的前提下，要尽量节约成本。

第四节　绿色建筑材料的应用

一、结构材料

1. 石膏砌块

建筑石膏砌块，以建筑石膏为主要原料，经加水搅拌、浇筑成型和干燥制成的轻质建筑石膏制品。生产中加入轻集料发泡剂以降低其质量，或加水泥、外加剂等以提高其耐水性和强度。石膏砌块分为实心砌块和空心砌块两类，品种规格多样。施工非常方便，是一种非承重的绿色隔墙材料，见图 1-1。

图 1-1 石膏砌块

目前全世界有 60 多个国家生产与使用石膏砌块，主要用于住宅、办公楼、旅馆等作为非承重内隔墙。

国际上已公认石膏砌块是可持续发展的绿色建材产品，在欧洲占内墙总用量的 30% 以上。

石膏砌块自 20 世纪 80 年代被引进我国。在这近 30 年间，石膏砌块虽然没有像其他水泥类墙体材料一样得到广泛的应用，但也在稳步发展。自 2000 年以后，随着我国墙体改革的推进，为石膏砌块等新型墙体绿色材料提供了发展的空间。

石膏砌块的优良特性：

1）减轻房屋结构自重。降低承重结构及基础的造价，提高了建筑的抗震能力；

2）防火好。石膏本身所含的结晶水遇火汽化成水蒸气，能有效地防止火灾蔓延；

3）隔声保温。质轻导热系数小，能衰减声压与减缓声能的透射；

4）调节湿度。能根据环境湿度变化，自动吸收、排出水分，使室内湿度相对稳定，居住舒适；

5）施工简单。墙面平整度高，无须抹灰，可直接装修，缩短施工工期；

6）增加面积。墙身厚度减小，增加了使用面积。

2. 陶粒砌块

目前我国的城市污水处理率达 80% 以上，处理污泥的费用很高。将污泥与煤粉灰混合做成陶粒骨料砌块，用来做建筑外墙的围护结构，陶粒空心砌块的保温节能效果可以达到节能的 50% 以上，见图 1-2。

粉煤灰陶粒小型空心砌块的特点：施工不用界面剂、不用专用砂浆、施工方法似同烧结多孔砖。隔热保温、抗渗抗冻、轻质隔声。根据施工需求的不同可以生产不同 Mu 等级的陶粒空心砌块。

图 1-2　陶粒砌块

2012 年我国陶粒空心砌块工业总产量达到 1 100 万 m^3，预计到 2016 年将达到 1 800 万 m^3。国外陶粒混凝土已广泛应用于工业与民用建筑的各类型预构件和现浇混凝土工程中。

二、装饰装修材料

1. 硅藻泥

硅藻泥是一种天然环保装饰材料，用来替代墙纸和乳胶漆，适用公共和居住建筑的内墙装饰，见图 1-3。

图 1-3　硅藻泥

硅藻泥的主要原材料是历经亿万年形成的硅藻矿物——硅藻土，硅藻是一种生活在海洋中的藻类，经亿万年的矿化后形成硅藻矿物，其主要成分为蛋白石。质地轻柔、多孔。电子显微镜显示，硅藻是一种纳米级的多孔材料。孔隙率高达 90%。其分子晶格结构特征，决定了其独特的功能：

1）天然环保。硅藻泥由纯天然无机材料构成，不含任何有害物质；

2）净化空气。硅藻泥产品具备独特的"分子筛"结构和选择性吸附性能，可以有效去除空气中的游离甲醛、苯、氨等有害物质及因宠物、吸烟、垃圾所产生的异味，净化室内空气；

3）色彩柔和。硅藻泥选用无机颜料调色，色彩柔和。墙面反射光线自然柔和，不容易产生视觉疲劳，尤其对保护儿童视力效果显著。硅藻泥墙面颜色持久，长期如新，减少墙面装饰次数，节约了居室成本；

4）防火阻燃。硅藻泥防火阻燃，当温度上升至 1 300℃时，硅藻泥仅呈熔融状态，不会产生有害气体；

5）调节湿度。不同季节及早晚环境空气温度的变化，硅藻泥可以吸收或释放水分，自动调节室内空气湿度，使之达到相对平衡；

6）吸声降噪。硅藻泥具有降低噪声功能，可以有效地吸收对人体有害的高频音段，并衰减低频噪功能；

7）不沾灰尘。硅藻泥不易产生静电，表面不易落尘；

8）保温隔热。硅藻泥热传导率很低，具有非常好的保温隔热性能，其隔热效果是同等厚度水泥砂浆的 6 倍。

硅藻泥墙面应用技术源于 20 世纪 70 年代日本和欧美国家。硅藻泥于 2003 年开始用于我国房屋建筑内装修。

2．液体壁纸

液体壁纸又称壁纸漆，是集壁纸和乳胶漆特点于一身的环保水性涂料。把涂料从人工合成的平滑型时代带进天然环保型凹凸涂料的全新时代，成为现代空间最时尚的装饰元素。液体壁纸采用丙烯酸乳液、钛白粉、颜料及其他助剂制成，也有采用贝壳类表体经高温处理而成。具有良好的防潮、抗菌性能，不易生虫、耐酸碱、不起皮、不褪色、不开裂、不易老化等众多优点。

3．生态环境玻璃

玻璃工业是高能耗、高污染（平板玻璃生产主要产生粉尘、烟尘和 SO_2 等）的产业，见图 1-4。

图 1-4　生态环境玻璃

生态环境玻璃是指具有良好的使用性能或功能，对资源能源消耗少和对生态环境污染小，再生利用率高或可降解与循环利用，在制备、使用、废弃直到再生利用的整个过程与环境协调共存的玻璃。

其主要功能是降解大气中由于工业废气和汽车尾气的污染和有机物污染，降解积聚在玻璃表面的液态有机物，抑制和杀灭环境中的微生物，并且玻璃表面呈超亲水性，对水完全保湿，可以隔离玻璃表面与吸附的灰尘、有机物，使这些吸附物不易与玻璃表面结合，在外界风力、雨水淋和水冲洗等外力和吸附物自重的推动下，灰尘和油腻自动地从玻璃表面剥离，达到去污和自洁的要求。在作为结构和采光用材的同时，转向控制光线、调节湿度、节约能源、安全可靠、减少噪声等多功能方向发展。

三、应用实例

宁波案例馆体现了"城市化的现代乡村，梦想中的宜居家园"的主题，见图1-5。2010年上海世博会全球唯一入选的乡村实践案例。外墙是用50多万块废瓦残片堆砌，见图1-6。浇筑混凝土墙用的是竹片模板，见图1-7。墙面进行垂直绿化，见图1-8。屋顶试栽了水稻，见图1-9。

图1-5 宁波案例馆

图1-6 外墙   图1-7 竹片模板

图 1-8 墙面进行垂直绿化   图 1-9 屋顶试栽了水稻

第二章　绿色建筑及发展进程

第一节　绿色建筑理念

一、绿色建筑概念

《绿色建筑评价标准》（GB/T 50378—2006）给绿色建筑的定义："在建筑的全寿命周期内，最大限度地节约资源（节能、节地、节水、节材）保护环境和减少污染，为人们提供健康、适用和高效的使用空间，与自然和谐共生的建筑。"

"绿色"是指大自然中植物的颜色，植物把太阳能转化成生物能，是自然界生生不息的生命活动的最基本元素，在中国传统文化中"绿色=生命"。

从概念上讲，绿色建筑主要体现三点：一是节能，二是减少对环境的污染（减少二氧化碳排放），三是满足人们使用的要求。"健康"、"适用"、"高效"是绿色建筑的缩影。"健康"说明是以人为本；"适用"，不奢侈浪费，不做豪华建筑；"高效"，是指资源的合理利用。建筑与自然相依相存，注重人的恬静与自然的和谐。

国内外学者、专家在过去的几十年里，虽然对绿色建筑进行了多方面研究，但大多数研究都是对绿色建筑概念的界定，绿色建筑设计、绿色建筑评价标准等方面，从经济角度对绿色建筑研究较少，特别是从建筑生命周期对绿色建筑的成本分析，还处在起步阶段。

对于绿色建筑，各国有不同的定义，日本称为"环境共生建筑"，欧洲和北美国家定义为"生态建筑"或"可持续建筑"。

"可持续"，可理解为：在生物区域内，所有的生命都存在于一个共同的基础，未来的建筑发展，必须接受低消耗和被环境管理的概念。

我国仅是对"绿色建筑"进行了界定，没有对"生态建筑"进行界定，通常称为"绿色生态建筑"。

二、绿色建筑的基本原理和遵循的原则

1. 绿色建筑的基本原理

从建筑生命周期去理解，绿色建筑的基本原理：

1）在整个建筑生命周期内，把对自然资源的消耗（材料和能源）降到最低；

2）在整个建筑生命周期内，把对环境的污染降到最低；

3）保护生态自然环境；

4）建筑动用后，现成一个健康、舒适、无害的空间；

5）建筑的质量、功能与目的统一；

6）环保费用与经济性平衡。

2.　绿色建筑遵循的原则

1）资源经济原则。即在建筑中减少和有效利用非可再生资源，如易耗材料的再利用；太阳、风力利用，建筑屋顶和外表雨水收集利用等；

2）全生命设计原则。在建筑生命期内，在材料、设备生产、采购和运输、设计、建造、运行和维护，拆除和材料再生利用等方面减少消耗和环境影响；

3）人道设计原则。人的一生 70%时间在室内，必须考虑人的室内生活质量和自然环境。

3.　绿色建筑与一般建筑的区别

绿色建筑的概念、基本原理、遵循原则，前面作了介绍，为了从理性上悟出绿色建筑的要点，我们不妨把二者作一些比较：

1）一般建筑在结构上趋向于封闭，通透性差，与自然环境隔离；绿色建筑的内部与外部采取有效的连通，融入自然；

2）一般建筑因设计、用材、施工的标准化、产业化，导致"千城一面"；绿色建筑倡导使用本地材料，建筑将随着气候、自然资源和地区文化传统的差异呈现不同的风貌；

3）一般建筑的形体往往不顾环境资源的限制，片面追求批量化生产；绿色建筑被当做一种资源，以最小的生态和资源代价，获得最大效益和可持续发展；

4）一般建筑追求"新"标志效应；绿色建筑倡导人与大自然和谐相处中获得灵感和悟性；

5）一般建筑能耗大；绿色建筑极低能耗，甚至可以自身产生和利用可再生能源；

6）一般建筑仅在施工过程或在动用过程中保护环境；绿色建筑在其全生命周期内保护环境，实现与自然共生。

第二节　国外绿色建筑发展进程

一、国外绿色建筑发展概况

绿色建筑，是经历了一个长期演变、发展和成熟的过程。从 20 世纪六七十年代的"生物圈"、"全球伦理"和"人类社区"到八九十年代的"全球环保"和"可持续发展"，其内涵也从最初的"注重人居环境"向更宏观顶层面递进。

1．六七十年代的"生物圈"、"全球伦理"和"人类社区"

1）60 年代，因出现的世界性环境污染和生态平衡失调问题，导致了生态学成为拯救人类和环境保护、指导人类生产、改造自然的科学武器。基于此，联合国教科文组织于 1965 年提出了"国际生物学规划 999"，主要研究地球生命系统及其控制机理。

2）1970 年，联合国教科文组织第 16 届会议制定了"人与生物圈"研究计划；1971 年又组织了 MAB 国际协作组织，确立了三大任务：

① 合理利用和保存生物圈资源的研究；

② 改善人和环境的关系；

③ 预测人类活动对自然界未来的影响和后果。

3）1972 年，罗马俱乐部对人类发展状况进行了探讨，先后发表了《增长的极限》、《人类处在转折点》等一系列研究报告，提出自然资源支持不了人类的无限扩张，引起了人们对生存与发展的关注。当年 6 月召开的联合国斯德哥尔摩环境大会上，提出了"人类只有一个地球"的口号，呼吁对全球环境的关注。

4）1974 年罗马俱乐部继《增长的极限》之后，发表了第二个研究报告《人类处于转折点》，明确提出必须发展一种"新的全球伦理"，并对"新的全球伦理"的基本内涵作了明确的阐述。

5）1975 年，法国巴黎进行了"人类居住地综合生态研究"，旨在拓宽居住区规划建设的思路。

6）1976 年，联合国组织召开了题为"生态环境——人类社区"的国际会议，将生态环境与人类居住区环境联系在一起。同年，温哥华世界人类住区会议，发表了"温哥华人类住区宣言"。在这一宣言中，既将人类住区提到了一个关系到人类健康生存及发展的重要地位，又提倡将生态学的思想应用到住区规划中去。

7）1977 年，在维也纳召开的"人与生物圈"计划国际协调理事会第五次会议，正式确认"用综合生态方法研究城市系统及其他人类居住地"。

2．八九十年代的"全球环保"和"可持续发展"

1）1980 年，世界自然保护联盟（IUCN）在《世界保护策略》中首次使用了"可持续发展"的概念，并呼吁全世界必须研究自然的、社会的、生态的、经济的以及利用自然资源过程中的基本关系，确保全球的"可持续发展"。

2）1984 年，联合国大会成立环境资源与发展委员会，提出可持续发展的倡议。

3）1986 年，在温哥华召开了联合国人居环境会议。

4）1987 年，以挪威首相布伦特兰夫人为主席的世界环境与发展委员会（WCED）公布了里程碑式的报告——《我们共同的未来》，向全世界正式提出了可持续发展战略，得到了国际社会的广泛接受和认可。

5）1991 年，世界自然保护联盟（IUCN）、联合国环境规划署（UNEP）和世界野生生物基金会（WWF）共同发表的《保护地球：可持续生存战略》，将可持续发展定义为"在生存不超出维持生态系统承载能力之情况下，改善人类的生活品质"。同年 10 月 21 日，中国、美国、日本等 60 多个国家的首都同时隆重举行该书的首发式。

6）1993 年，国家建筑师协会第 18 次大会是"绿色建筑"发展史上带有里程碑意义的大会，在可持续发展理论的推动下，这次大会以"处于十字路口的建筑——建筑可持续发展的未来"为主题。

7）1996 年 6 月，在土耳其伊斯坦布尔召开联合国人居环境学与建筑学大会，参加会议的各国首脑签署了《人居环境议程：目标和原则、承诺和全球行动计划》，人类终于有了一个共同的建筑行动纲领。会议重点讨论"人人享有适当的住房"和"城市化进程中的人类住区的可持续发展"。

总结国外绿色建筑发展的特点如下：

① 绿色建筑发展进程越来越快；

② 各国政府通过横向发展专项技术、纵向过程深入集成，完善绿色建筑技术体系；

③ 不断扩大政策层面的工作，用经济激励政策和制度，推进绿色建筑的发展，并逐步用行政强制手段推进绿色建筑的发展；

④ 绿色社区成为发展的重点，通过对社区的能源、土地、交通、建筑、绿地、信息等关键技术集成，形成区域、城市不同的空间尺度、不同类型的绿色社区技术体系和集成示范。

二、国外绿色建筑评价体系

20 世纪 80 年代以来，绿色建筑的研究已成为国际关注的课题，寻求可以降低环境负荷，又有利于使用者的建筑，并相继开发了适应各自国情的绿色建筑评价体系。绿色建筑评价体系的制定和应用，为推动全球绿色建筑的发展发挥了重要作用。

1. 英国《建筑研究组织环境评价法》（BREEAM）（1990）

英国《建筑研究组织环境评价法》，是有英国建筑研究组织（BRE）和一些私人部门的研究者在 1990 年共同制定的，是一个开发最早的建筑环境影响评价系统，目的是为绿色建筑实践提供权威性的指导，期望减少建筑对全球和地区环境的负面影响。从 1990 年至今，BREEAM 已经发行了《2/91 版新建超市及超级商场》、《5/93 版新建工业建筑和非零售店》、《环境标准 3/95 版新建住宅》等，并对 25%～30% 的建筑进行了评估。成为各国类似评估手册中的成功典范。BREEAM 根据建筑项目所处的阶段不同，评价的内容相应也不同。评估的内容包括 3 个方面，建筑性能、设计建造和运行管理。BREEAM 最显著的优势在于对建筑全生命周期环境的深入考察。条款式的评价系统，评估架构透明、开放和简单，易于被理解和接受。

2011 年 7 月 1 日，新版 BREEAM2011 正式实施，其适用于办公、商场、工业、教育、医疗、卫生、公共宿舍等多类建筑，基本涵盖了除住宅以外的所有建筑类型，对不同建筑的类型分值也不同，体现了不同建筑的评价特色。如"施工废弃物管理"，设置建筑垃圾质量和体积两个指标比值的下限，鼓励减少施工废弃物对环境的影响。

2. 美国《能源及环境设计先导计划》（LEED）

美国《能源及环境设计先导计划》（LEED），是美国绿色建筑委员会于 1995 年为满足美国建筑市场对绿色建筑评定的要求，提高建筑环境和经济特性而制定的一套评定体系，它以建筑全生命周期的视角对建筑整体的环境性能进行评估，为绿色建筑提供了明确的构成标准。该评价体系经过 4 年编制，于 1998 年颁布，2000 年 3 月发布了 2.0 版，2002 年 11 月发布了 2.1 版，2003 年 3 月又对 2.1 版进行了修订。LEED 针对不同建设项目制订了相应的评价标准。评价系统涵盖了新建和改建项目、已有的建筑、商业建筑室内、建筑主体和外壳、建筑运营维护、商业建筑室内装饰等。LEED 有着一整套完整的体系，整个体系包括专业人员认证，提供服务支持、培训，第三方建筑认证等。LEED 从 5 个方面及一系列子项目对建筑项目进行绿色评定。如：可持续场地选择，水源保护和有效利用水资源，高效用能，可再生能源的利用及保护环境，材料和资源，室内环境质量等。与其他评估体系相比，美国 LEED 体系最为成功之处就是受到了市场的广泛认同，已成为一个非常具有影响力的商标。评定标准专业化，评估体系非常简洁，便于理解、把握和实施。2012 年 10 月，LEED 新 4V 版，增加了针对数据机房、仓储物流、旅游饭店等功能建筑的评价内容。

3. 加拿大 GBTool

加拿大对世界绿色建筑的发展有着特殊贡献，加拿大自然资源部于 1996 年发起并领导了"绿色建筑挑战"项目，通过"绿色建筑评价工具"的开发和应用研究，这是一套条款式评价系统，建立在 Excel 平台上的软件类评价工具，采用了定性和定量评价相结合的方法，对建筑在设计及完工后的环境性能予以评价。在经济全球化趋势日益显著的今天，这项工作具有深远的意义。短短的 4 年，有 19 个国家参与了"绿色建筑挑战"。为各国绿色生态建筑的评价提供一个较为统一的国际化的平台，为推动国际绿色生态建筑的全面发展具有深远的意义。

4. 日本 CASBEE

日本建筑物综合环境评价研究委员会认为，从对地球环境影响的观点来评价建筑物的综合环境性能时，必须兼顾"削减环境负荷"和"蓄积优良建筑资产"两个方面，二者均是关系到人类可持续发展的至关重要的问题，于是进行了"建筑物综合环境性能评价体系"（CASBEE）的研究。CASBEE 是一部澄清绿色建筑实质的专著，全面评价建筑的环境品质和对资源、能源的消耗及对环境的影响，形成了鲜明的绿色建筑评价理念。2012 年，CASBEE 进一步拓展了评价的范围。

5. 法国 ESCALE

由法国建筑专业人士研究出的一种 ESCALE 法，是一种在设计阶段进行的环境评价方法。它不仅能帮助人员评价环境，还可帮助使用者直观了解与环境标准相关的方案运作状况，从而决定是否需要进一步改善方案，为建筑人员与使用者之间的合作创造了便利条件。

该方法减少了环境评价的难度和建筑的环境效益评价的数量与种类，缓解了生命周期评价法的复杂性，便于操作。

6. 澳大利亚"绿色之星"

澳大利亚"绿色之星"评估工具，是由澳大利亚绿建会开发完成。主要目的是帮助房地产业和建筑业减少建筑的环境不利影响，提升使用者的健康和工作效率。统计到 2012 年 2 月，通过认证绿色建筑工程 407 项，其中办公建筑 342 栋，面积达 6 104 221 m^2。"绿色之星"对澳大利亚的房地产业和建筑业的影响力越来越大。

澳大利亚政府实行强制、配套、激励（主要对绿色建筑减税）等政策，促进绿色建筑的发展。

7. 新加坡绿色建筑评价体系

新加坡从 2005 年开始推行绿色建筑标志认证，2007 年执行第二版，2008 年把新建建筑分为居住和非居住建筑，2010 年执行绿色评价标识第四版。

新加坡政府计划到 2030 年，80%的建筑要通过认证。

国外绿色建筑评价体系的完善和发展，具有以下特征：

1）注重与本国的实际情况（国情和气候特点），构建绿色评价体系，并适时更新，以适应绿色建筑的发展需求；

2）评价由早期的定性评价转向定量评价；

3）从早期单一的性能指标评定转向了综合环境、技术性能的指标评定；

4）绿色社区逐步成为发展的重点，从建筑的绿色到社区的绿色，现成区域的不同空间尺度、不同类型的绿色社区。

在评价建筑的绿色性能的同时，又能综合进行建筑的经济性能的评价系统研究，是当前绿色建筑评价工作的一个非常有意义的课题。我国在这方面与发达国家绿色建筑的实践与理论相比还有差距，希望能在借鉴国外先进经验的同时，结合我国实际情况，形成有中国特色的简单可操作的评价体系，促进我国绿色建筑的全面健康发展。

第三节　国内绿色建筑发展进程

一、国内绿色建筑发展概况

1. 2000 年以前

20 世纪 60 年代，国外提出了"生态建筑"新概念，我国的绿色建筑进入了快速发展时期。

1994 年 3 月，我国颁布了《中国 21 世纪议程——中国 21 世纪人口、环境与发展白皮书》，首次提出"促进建筑可持续发展，建筑节能与提高居住区能源利用效率"。同时启动了"国家重大科技产业工程——2000 年小康型城乡住宅科技产业工程"。

1996 年 2 月，我国发布"中华人民共和国人类居住区发展报告"，为进一步改善和提高居住环境质量提出了更高要求和保证措施。

1997 年 11 月，我国颁布《中华人民共和国建筑法》。

2. 2000 年以后

（1）2001 年

2001 年 5 月，原建设部住宅产业化促进中心承担研究和编制的《绿色生态住宅小区建设要点与技术导则》，以科技为先导，以推进住宅生态环境建设及提高住宅产业化水平为目标，全面提高住宅小区节能、节水、节地、治污水平，带动相关产业发展，实现社会、经济、环境效益的统一。多家科研机构、设计单位的专家合作，在全面研究世界各国绿色建筑评价体系的基础上并结合我国特点，制定了"中国生态住宅技术评价体系"。出版了《中国生态住宅技术评价手册》、《商品住宅性能评定方法和指标体系》。

（2）2002 年

7 月，原建设部陆续颁布了《关于推进住宅产业现代化提高住宅质量若干意见》、《中国生态住宅技术评估手册》升级版 2002 版。分三批对 12 个住宅小区的设计方案进行了评估，并对其中个别小区进行了设计、施工、竣工验收全过程评估、指导与跟踪检验，对引导绿色住宅建筑健康发展起到了较大的作用；

10 月，我国颁布《中华人民共和国环境影响评价法》，明确要求从源头上控制开发建设活动对环境的不利影响；

10 月，科技部的"绿色奥运建筑评价体系研究"课题立项，课题汇集了清华大学、中国建筑科学研究院、北京市建筑设计研究院、中国建筑材料科学研究院、北京市环境保护科学研究院、北京工业大学、全国工商联住宅产业商会、北京市可持续发展科技促进中心、北京市城建技术开发中心等 9 家单位近 40 名专家共同开展工作，历时 14 个月，于 2004 年 2 月结题。

（3）2003 年

3 月，上海市人民政府制定了《上海市生态型住宅小区建设管理办法》和《上海市生态型住宅小区技术实施细则》。

（4）2004 年

5 月，原建设部副部长在国务院新闻办的发布会上表示，中国将全面推广节能与绿色建筑。目标是争取到 2020 年，大部分既有建筑实现节能改造，新建建筑完全实现建筑节能 65%的总目标，资源节约水平接近或达到现阶段中等发达国家的水平。东部地区要实现更高的节能水平，基本实现新增建筑占地与整体节约用地的动态平衡，实现建筑建造和使用过程中节水率在现有基础上提高30%以上，新建建筑对不可再生资源的总消耗比现在下降30%以上。

（5）2006 年

2 月，国务院颁布《国家中长期科学和技术发展规划纲要（2006—2020 年）》，首次将"城镇化与城市发展"作为 11 个重点领域之一。在"城镇化与城市发展"领域中"建筑节能与绿色建筑"是其中的一个优先发展主题；

3 月，《住宅性能评定标准》开始实施，倡导一次性装修，引导住宅开发和住房理性消费，鼓励开发商提高住宅性能等；

3 月，总理在十届全国人大四次会议上作政府工作报告时提出，抓紧制定和完善各行业节能、节水、节地、节材标准，推进节能降耗重点项目建设，促进土地集约利用。鼓励发展节能降耗产品和节能省地型建筑；

3 月，原建设部与国家质检总局联合发布了工程建设国家标准《绿色建筑评价标准》（GB/T 50378—2006），这是我国第一部从住宅和公共建筑全寿命周期出发，多目标、多层次对绿色建筑进行综合性评价的国家标准。

（6）2007 年

7 月，原建设部决定在"十一五"期间启动"100 项绿色建筑示范工程与 100 项低能耗建筑示范工程"（简称"双百工程"）；

8 月，原建设部发布了《绿色建筑评价技术细则》、《绿色建筑评价标识管理办法》，规定了绿色建筑等级由低至高分为一星、二星和三星三个星级；

9 月，原建设部颁布《绿色施工导则》；

10 月，原建设部科技发展促进中心印发了《绿色建筑评价标识实施细则》。

（7）2008 年

4 月，绿色建筑评价标识管理办公室正式设立；

6 月，住房和城乡建设部发布《绿色建筑评价技术细则补充说明（规划设计部分）》；

7 月，国务院第 18 次常务会议审议通过了《民用建筑节能条例》，并于 2008 年 10 月 1 日起正式实施。标志中国建筑节能法规体系进一步完善；

11 月，由住房和城乡建设部科技发展促进中心绿色建筑评价标识管理办公室筹备组建的绿色建筑评价标识专家委员会正式成立。

（8）2009 年

6 月，住房和城乡建设部印发《关于推进一、二星级绿色建筑评价标识工作的通知》，明确有一定的发展绿色建筑工作基础并出台了当地绿色建筑评价相关标准的省、自治区、直辖市、计划单列市，均可开展本地区一、二星级绿色建筑评价标识工作；

7 月，中国城市科学研究会绿色建筑研究中心成立。主要负责开展绿色建筑评审工作；促进绿色建筑领域的国内外交往；培养绿色建筑的各类人才；收集绿色建筑的相关数据；建立国家绿色建筑数据库开展绿色建筑的其他相关工作；

8 月，国家颁布《关于积极应对气候变化的决议》，提出要立足国情发展绿色、低碳经济；

9 月，住房和城乡建设部印发《绿色建筑评价技术细则补充说明（运行使用部分）》并开始执行；

10 月，住房和城乡建设部科技发展促进中心绿色建筑评价标识管理办公室印发《关于开展一、二星级绿色建筑评价标识培训考核工作的通知》；

10 月，中国城市科学研究会绿色建筑评审专家委员会成立暨绿色建筑评审会议在北京召开。

（9）2010 年

6 月，住房和城乡建设部科技发展促进中心组织专家在北京召开"绿色建筑评价标准体系研究课题"验收会。验收组一致同意该课题通过验收，认为该课题研究完成了预订任务的目标要求，研究成果达到了国际先进水平；

8 月，住房和城乡建设部印发《绿色工业建筑评价导则》，拉开了我国绿色工业建筑评价工作的序幕；

11 月，住房和城乡建设部发布《建筑工程绿色施工评价标准》（GB/T 50640—2010）、《民用建筑绿色设计规范》（JGJ/T 229—2010）；

12 月，中国绿色建筑委员会、中国绿色建筑与节能（香港）委员会联合发布《绿色建筑评价标准香港版》；

12 月，中国建筑节能协会成立；

12 月，住房和城乡建设部在全国范围内开展了住房城乡建设领域节能减排的专项监督检查。违反《节约能源法》、《民用建筑节能条例》及有关标准的在建工程项目，将责令停工整改。

（10）2011 年

1 月，财政部与住房和城乡建设部联合印发《关于进一步深入开展北方采暖地区既有居住建筑供热计量及节能改造工作的通知》；

3 月，中国城市科学研究会绿色建筑委员会在北京召开《绿色商场建筑评价标准》课题启动会；

5 月，财政部、住房和城乡建设部联合印发《关于进一步推进公共建筑节能工作的通知》；

6 月，财政部、住房和城乡建设部决定"十二五"期间开展绿色重点小城镇试点示范，制定并印发了《绿色重点小城镇试点示范实施意见》；

6 月，住房和城乡建设部科技发展促进中心主编的国家标准《绿色办公建筑评价标准》开始在全国范围内广泛征求意见；

6 月，住房和城乡建设部印发《住房和城乡建设部低碳生态试点城（镇）申报管理暂行办法》；

8 月，中国城市科学研究会绿色建筑委员会发布由中国城科会绿色建筑委员会、中国医院协会联合主编的《绿色医院建筑评价标准》（CSUS/GBC 2—2011），自 2011 年 9 月 1

日起正式施行；

8 月，《绿色建筑检测技术标准》编制组成立暨第一次工作会议在上海召开。并于 11 月在广州召开第二次工作会议，讨论标准初稿；

8 月，国务院印发 《"十二五"节能减排综合性工作方案》；

9 月，住房和城乡建设部、财政部、国家发展改革委联合印发 《绿色低碳重点小城镇建设评价指标（试行）》和《绿色低碳重点小城镇建设评价指标试行（解释说明）》；

12 月，11 家单位共同承担的住房和城乡建设部 2011 年科技项目 《低碳住宅与社区应用技术导则》在北京召开评审会并通过验收。

（11）2012 年

1 月，住房和城乡建设部公告发布《被动式太阳能建筑技术规范》（JGJ/T 267—2012），自 2012 年 5 月 1 日起实行；

4 月，财政部和住建部联合发布《关于加快推动我国绿色建筑发展的实施意见》，意见中明确将通过多种手段，全面加快推动我国绿色建筑发展；

5 月，住房和城乡建设部印发《"十二五"建筑节能专项规划》。提出新建绿色建筑 8 亿 m^2，城镇新建建筑 20%以上达到绿色建筑标准要求；

5 月，住房和城乡建设部印发《绿色超高层建筑评价技术细则》；

6 月，"十二五"国家科技支撑计划"绿色建筑评价体系与标准规范技术研发"项目和"既有建筑绿色化改造关键技术研究与示范"项目启动会暨课题实施方案论证会分别在北京召开；

7 月，《绿色校园评价标准》编制研讨会议在上海同济大学召开，会议就标准的规划和绿色校园的发展方向制订了详细的编写计划；

8 月，中国城科会绿色建筑研究中心在北京召开了绿色工业建筑评审研讨会暨国家首批 "绿色工业建筑设计标识"评审会，实现了我国绿色工业建筑标识评价的 "零的突破"；

8 月，"中国绿色校园与绿色建筑知识普及教材编写研讨工作会议"在同济大学召开。本次会议确定将组织编写初小、高小、初中、高中和大学共五本教材；

12 月，住房和城乡建设部办公厅发布《关于加强绿色建筑评价标识管理和备案工作》的通知，指出各地应本着因地制宜的原则发展绿色建筑，并鼓励业主、房地产开发、设计、施工和物业管理等相关单位开发绿色建筑。

（12）2013 年

1 月，国务院办公厅以国办发[2013]1 号转发国家发展和改革委员会、住房和城乡建设部制订的《绿色建筑行动方案》。

文件明确要求：以邓小平理论、"三个代表"重要思想、科学发展观为指导，把生态文明融入城乡建设的全过程，紧紧抓住城镇化和新农村建设的重要战略机遇期，树立全寿命期理念，切实转变城乡建设模式，提高资源利用效率，合理改善建筑舒适性，从政策法规、体制机制、规划设计、标准规范、技术推广、建设运营和产业支撑等方面全面推进绿色建筑行动，加快推进建设资源节约型和环境友好型社会。

提出了新建建筑节能、既有建筑节能改造、城镇供热系统改造、可再生能源建筑规模化应用，公共建筑节能管理、相关技术研发推广、绿色建材、建筑工业化、建筑拆除管理、建筑废弃物资源利用等 10 项重点任务。

文件对我国绿色建筑发展将会产生深远的影响。

8 月，国务院发布《关于加快节能环保产业的意见》（国发[2013]30 号），明确提出开展绿色建筑行动，到 2015 年，新增绿色建筑面积 10 亿 m^2 以上，城镇新建筑中二星级以上绿色建筑比例超过 20%以上，建设绿色生态城（区），提高建筑节能标准。完成办公建筑节能改造 6 000 万 m^2，带动绿色建筑建设改造投资和相关产业发展。大力发展绿色建材，推广应用散装水泥，预拌混凝土，预拌砂浆，推动建筑工业化。

我国既有建筑面积达 460 多亿 m^2，每年新建建筑面积为 16 亿～20 亿 m^2。2010 年底统计数据，我国的绿色建筑不足 2 000 万 m^2，仅为既有建筑面积的 0.05%。政府要求，2015 年，城镇新增加绿色建筑面积占当年城镇新建建筑面积比例达到 23%以上，建设绿色农村住宅 1 亿 m^2，2017 年起，城镇新建建筑全部执行绿色建筑标准。"十二五"末期，政府投资的办公建筑、学校、医院、文化等公益性公共建筑和东部地区省会以上城市、计划单列市政府投资的保障性住房执行绿色建筑标准的比例达到 70%以上。

绿色建筑重点工作：

①抓好绿色规划，严格执行建筑节能强制性标准，政府投资的公共机构建筑、保障性住房以及各类大型公共建筑率先执行绿色建筑标准，引导市场房地产项目执行绿色建筑标准；

②推进既有建筑节能改造，发展围护结构保温体系；

③推进可再生能源建筑规模化应用；

④大力发展绿色建筑材料，发展防火隔热性能好的保温材料，引导高性能混凝土、高强钢应用；

⑤严格建筑拆除管理，维护城镇规划的严肃性、稳定性；

⑥推进建筑废弃物资源化利用。

发展绿色建筑任重道远，空间巨大。

二、国内绿色建筑评价体系

1.《绿色建筑评价标准》（GB/T 50378—2006）

《绿色建筑评价标准》（GB/T 50378—2006）（以下简称《标准》），是我国第一部从建筑全寿命周期出发，多目标、多层次地对绿色建筑进行整合评价的国家标准。该标准用于评价住宅建筑和办公、商场、宾馆等公共建筑。由节地与室外环境、节能与能源利用、节水与水资源利用、节材和材料资源利用、室内环境质量和运营管理六类指标组成，各大指标中的具体指标又分为控制项、一般项、优选项。控制项为绿色建筑的必备条款，优选项主要指实现难度较大、指标要求较高的项目。按满足一般项、优选项的要求，把绿色建筑划分为一、二、三星级。

随着绿色建筑各项工作的逐步推进，该标准已不能完全适应现阶段绿色建筑实践和评价的需要，根据住房和城乡建设部建标[2011]17号文件的要求，正在对该标准进行修订（新版本即将颁布）。

下面分别作有关修订的介绍：

（1）《标准》的定位原则

考虑到我国建筑市场的实际，《标准》（2006）侧重于评价总量大的住宅建筑和公共建筑中能源消耗较大的办公楼、商场、宾馆等建筑，近年来绿色建筑的外延不断扩大，提出了各类别践行绿色理念的需求，修订稿将适用范围扩展到民用建筑各专业主要类型，同时考虑到具有通用性和可操作性。

修订稿根据我国绿色建筑发展的实际需要，将绿色评价分为设计评价、运行评价。设计评价重在"绿色"措施和预期效果，运行评价重在"绿色"措施的实际效果。还关注施工留下来的"绿色脚迹"，达到设计评价和运行评价相辅相成。

（2）评价方法

修订稿一大特色为"量化评价"。除少数必须达控制项外，评价条文都赋予了分值，对各类一级指标，分别都有权重值。

修订稿还增设创新项，创新项得分直接加在总得分率之上，鼓励绿色建筑在技术、管理上的创新和提高。

（3）篇章结构

修订稿设11章，分别为总则、术语、基本规定、节地与室外环境、节能与能源利用、节水与水资源利用、节材与材料资源利用、室内环境质量、施工管理、运行管理、创新项评价。

"施工管理"一项的增加，基本实现了对建筑全寿命期内各环节各阶段的覆盖。

（4）评价指标

各评价技术章均设"控制项"和"评分项"。如评分项方面，"节地与室外环境"下包括土地利用、室外环境、交通设施与公共服务、场地设计与场地生态等四个次分组单元。"施工管理"下包括资源节约、过程管理两个次分组单元。

修订稿根据文献调研和地方标准调研，增加了"预拌砂浆"等条文。

新版《标准》与2006年版比较，更科学、要求更严、内容更广泛，更接近国际水平。

2.《绿色办公建筑评价标准》（GB/T 50908—2013）

（1）编制背景

《绿色办公建筑评价标准》（GB/T 50908—2013）对办公建筑进行评价，有三种情况：一是有些评价指标难度过高，二是有些指标难度过低，三是还有个别指标设置不尽合理。编制符合我国国情绿色办公建筑评价标准势在必行。这对加强办公建筑节能减排，提高办公建筑历史品质，完善我国绿色建筑评价体系具有重要意义。

办公建筑作为公共建筑的重要组成部分，属于高能耗建筑，能耗水平差别又大（高与低相差达 32 倍）。据统计，商业办公楼能耗强度年平均值为 90.52 kWh/（m²·a）。大型政府办公楼能耗年平均值为 79.61 kWh/（m²·a）。

编制绿色办公建筑评价标准规范我国办公类建筑，有利于节能减排。大型政府办公建筑社会影响大，如有些地方白宫式办公楼，大面积的前广场，浪费了土地资源和材料，对社会有负面影响。通过《绿色办公建筑评价标准》（GB/T 50908—2013）来规范办公建筑，可以发挥示范作用。

《绿色办公建筑评价标准》（GB/T 50908—2013），2011 年完成了征求意见稿，2012 年 3 月，召开了审查会，于 2012 年提交了报批稿。

（2）重点评价指标

① 节地与室外环境：对容积率、热岛强度、场地风速等相关项目有了定量评价。没有（国外有）对场地防盗、防止臭气、场地温湿环境（如夏季遮阴）等评价项目；

② 节能与能源利用：条文充分考虑地域性、气候性差异，并兼顾了设计阶段、运行阶段的评价操作；

③ 节水与水资源利用：评价的内容有：绿色办公建筑的整体水环境规划、系统设置、节水器具和设备的选择、节水技术的采纳、再生水和雨水等非传统水的利用等；

④ 节材与材料资源利用：从建材料选用、材料的使用效率、全寿命周期节材等角度制定了相关评价条文；

⑤ 室内环境质量：借鉴了采光和视野方面的成功经验，吸收了《民用建筑声设计标准》的最新成果，评价的具体要求比国外标准更加合理；

⑥ 运营管理：对尚无条件定量化的评价指标，具有机动灵活性。对管理制度提出了明确要求，体现了制度是保障的特点。

《绿色办公建筑评价标准》（GB/T 50908—2013），在总结我国《标准》研究成果的基础上，借鉴国际先进经验，以我国绿色建筑标准体系为基础，在评价内容、评价方法、科学性、合理性等方面比《标准》有了很大提高。

3.《绿色商店建筑评价标准》（CSUS/GBC 03—2012）

（1）编制背景

我国城镇化进程的加快，各种大中小型商场大量涌现。商店建筑在繁荣市场经济的同时，给我国的能源、环境、交通带来了很大压力。我国商店建筑全年平均能耗 240 kWh/（m²·a），是日本等发达国家同类建筑的 1.5～2.0 倍，是普通住宅的 10～20 倍，是宾馆、办公建筑的 2 倍。

商店建筑是公共建筑中能耗最大的建筑类型之一，国外很早就重视商店建筑可持续发展，制定了有关评价标准。由中国绿色建筑委员会组织编制的《绿色商店建筑评价标准》（CSUS/GBC 03—2012），已于 2012 年 10 月 1 日起实施。

为完善我国绿色建筑评价体系，规范绿色商店建筑发展，中国建筑科学研究院会同有关单位开展了《绿色商店建筑评价标准》（CSUS/GBC 03—2012）的编制工作。目前已形成初稿。

（2）评价范围

《绿色商店建筑评价标准》（CSUS/GBC 03—2012）适用于新建、扩建与改建的不同类型的商店建筑，包括商店建筑群、单体商店建筑、综合建筑中的商店区域。

（3）篇章结构

《绿色商店建筑评价标准》（CSUS/GBC 03—2012）包括总则、术语、基本规定、节地与室外环境、节能与能源利用、节水与水资源利用、节材和材料资源利用、室内环境质量、施工管理、运营管理、创新项等 11 部分内容。

（4）评价指标与星级

评价指标由七大类评价指标组成。各类指标分控制项和评分项。为鼓励绿色商店建筑技术创新，七大类评价指标体系统一设置创新项。

星级：分为一、二、三星级。

（5）评价重点

① 节地与室外环境

控制项：建筑选址、交通规划、对周边环境影响等。突出对商店建筑的合理选址、场地生态保护、污染控制；

评分项：侧重绿色出行、基础设施完善、良好周边环境。

② 节能与能源利用

控制项：围护结构、机组效率、照明等；

评分项：围护结构的合理设计，建筑采暖空调和照明部分节能措施的科学评估。

③ 节水与水资源利用

控制项：用水规划、水系统设置、节水器具等内容作出了明确规定；

评分项：商店节水措施和非传统水资源利用等。

④ 节材和材料资源利用

评分项：商店建筑材料可循环利用。

⑤ 室内环境质量

评分项：建筑室内声、光、热的合理设计与控制，气流组织的合理性设计、室内粉尘含量控制等。

⑥ 施工管理

控制项：对"四节一环保"的具体施工管理作了强制规定；

评分项：对施工管理和技术分别作了规定，引导绿色施工，减轻施工过程中对环境的影响。

⑦ 运营管理

控制项：运营管理制度和技术规范有明确要求；

评分项：注重商店建筑系统的高效运营评估。

⑧ 创新项

指保护自然资源和生态环境、"四节一环保"、智能化系统建设方面较突出，产生良好的经济、社会、环境效益等。

4.《绿色医院建筑评价标准》（CSUS/GBC 2—2011）

截至 2011 年末，我国共有医院 21 979 个，其中大多数是公共建筑中的耗能大户。但其因安全性能高，室内外环境要求严格，各功能房间用能用水差别大，故没有列入《标准》的评价对象中，制定《绿色医院建筑评价标准》，对推动我国医院建筑可持续发展意义重大。

2011 年 8 月，中国绿色建筑与节能委员会发布《绿色医院建筑评价标准》（CSUS/GBC 2—2011），该标准评价方法与《标准》一致，评价内容主要有：规划、建筑、设备及系统、环境与环境保护、运行管理等。住房和城乡建设部科技发展促进中心受住房和城乡建设部建筑节能与科技司委托，编制完成了《绿色医院建筑评价技术细则》（报批稿），以上工作都为编制《绿色医院建筑评价标准》（CSUS/GBC 2—2011）奠定了基础。

现由中国建筑科学研究院、住房和城乡建设部科技发展促进中心会同有关单位共同编制《绿色医院建筑评价标准》（CSUS/GBC 2—2011）。

编制背景 1：绿色医院与绿色医院建筑的区别

绿色医院包括绿色医院建筑、绿色医疗、绿色运行三方面。其核心是确保医疗安全和良好的医疗效果。绿色医院建筑是绿色医院的重要的物质基础，重点关注医院建筑的"四节一环保"。

编制背景 2：《绿色医院建筑评价标准》（CSUS/GBC 2—2011）、《标准》与其他医院类建筑设计标准的关系

《标准》适用范围不包括医院建筑，但其"四节一环保+运行"评价思路适用于所有的绿色建筑的评价。

《绿色医院建筑评价标准》（CSUS/GBC 2—2011）将充分考虑到医院建筑本身的特点及我国医院建筑的现状，在《标准》的框架类，制定更加科学、适用、实用的评价标准。

与医院建筑设计的相关标准很多，标准提出的限值要求，对《绿色医院建筑评价标准》（CSUS/GBC 2—2011）形成技术支撑。

编制背景 3：《绿色医院建筑评价标准》（CSUS/GBC 2—2011）对不同气候区、不同类型、不同级别医院建筑的适用性

我国医院按医疗技术水平，划分为一、二、三级，按治疗范围可分为综合性医院、专科医院等。不同地区、不同类别、不同级别的医院在建筑能耗、环境质量、运行管理方面

存在差异,如何体现共同的适用性,是编制《绿色医院建筑评价标准》(CSUS/GBC 2—2011)的难点。

编制背景 4:病房环境与办公环境并重

《绿色医院建筑评价标准》(CSUS/GBC 2—2011)在考虑医疗用房环境的同时,还要考虑医护人员的办公环境,如何使二者环境质量并重,是编制《绿色医院建筑评价标准》(CSUS/GBC 2—2011)的难点。

编制背景 5:实现可持续发展的医院建筑运行管理

医院作为城镇的生命线,与一般公共建筑比较,其有非常高的安全性,如何做好医院运行管理和绿色医院建筑运行管理,体现"四节一环保"的理念,是编制《绿色医院建筑评价标准》(CSUS/GBC 2—2011)的难点。

5.《绿色生态城区评价标准》

(1)编制背景

当代生态环境恶化,资源能源枯竭,探索生态、低碳、绿色已成为世界各国的共识。财政部与住房和城乡建设部《关于加快推动我国绿色建筑发展的实施意见》(财建[2012]167号),明确提出推进绿色生态城区建设,鼓励城市新区按照绿色、生态、低碳理念规划设计,集中连片发展绿色建筑。到目前为止,全国已有 100 多个不同规模的新建的绿色生态区项目。

为促进绿色生态城区的发展,规范绿色生态城区的评价,中国绿色建筑委员会会同有关单位编制《绿色生态城区评价标准》,目前已完成送审稿。

1)国外概况

绿色生态城区追求最大限度地减少资源与能源消耗,保护生态环境,创新人居环境的可持续发展模式,已经成为世界建筑的主流。欧洲、北美、亚洲等区域已经取得了实质性进展。

美国绿色建筑委员会建立并推行的绿色社区认证体系(LEED—ND),主要从选址及连通性、邻里模式与设计、绿色基础建设等三方面提出要求,以实现优选、健康、绿色的邻里开发目的;

日本可持续建筑协会(TJSBC),主要从环境负荷和教学质量两方面对城市可持续发展进行评估,要求对环境产生尽可能小的负荷下保证尽可能高的质量;

英国建筑研究院,开发建立了英国建筑研究院环境评估法(BREEAM),从气候、能源、交通、生态环境、商业和社区五方面阐述了关键的环境、社会和经济可持续目标、规划政策需求和实施策略。

2)国内概况

生态城区建设在我国起步较晚,上海东滩生态城项目(2005 年)是我国最早开始探索的生态低碳理念区域规划项目。

生态城建设的评价体系也处在探索阶段。

上海崇明生态岛指标体系包括：社会和谐、经济发展、环境友好、生态文明、管理科学五大领域。

曹妃甸生态城区在国内外最新研究的成果的基础上，结合当地的实际，构建了曹妃甸生态城开放性动态指标系统。

中新天津生态城运用生态经济、生态人居、生态文化、和谐社区和科学管理的规划理念，突出以人为本，涵盖了生态环境健康、社会和谐进步、经济发展三个方面的控制性指标，指导生态城总体规划和开发建设。

当前我国提出了节能减排、科学发展、和谐社会、生态文明等战略，开展了全国生态城项目试点工程，但指导生态城建设的标准化、生态指标评价体系、技术应用等还有待研究。

（2）标准特点

1）完整性、科学性

《绿色生态城区评价标准》评价的内容为绿色建筑的同时，更多地考虑了社会和人文的因素，把评价指标体系分为规划、绿色建筑、生态环境、交通、能源、水资源、信息化、碳排放、人文等九类，注重于人—环境—社会之间的和谐。引导绿色生态城区向人性化、社会化特征发展。

2）因地制宜

生态城区因区域的不同，气候条件、自然资源、经济发展、民俗文化等有差异，评价为了体现因地制宜的原则，加强了城区整体性评价，鼓励绿色生态城区建设提出当地特色。

3）突出节能减排

评价的内容有：开源，指可再生能源利用；节流，从能耗较大的建筑节能和交通节能两方面考虑；能源共享，通过规划对区域内资源进行整合，达到最优化利用。

4）体现以人为本的和谐发展理念

评价充分考虑到城镇居民和周围农民的生产生活需求，优化城镇的生态环境和景观效应，以利于城镇居民的生活水平提高和当地的经济繁荣。

6.《绿色超高层建筑评价技术细则》

（1）国内外超高层建筑概况

1）国外

20世纪，一些发达国家和地区就开始建设超高层建筑。进入21世纪，全球超高层建筑速度加快，亚太地区超高层建筑发展更快。目前建筑高度居前10位中，我国占据了亚太地区的50%以上。当代世界第一高楼是2010年建成的828 m的迪拜塔。目前韩国、沙特阿拉伯等国在规划超高层建筑。

2）国内

国内超高层建筑主要集中在一些省会城市和经济发达地区。据不完全统计，部分省、市处于不同高度的超高层建筑的数量比例为：

100~150 m	79.5%
150~200 m	14.6%
200~250 m	4.5%
250~300 m	0.9%
>300 m	0.5%

（2）编制背景

我国城镇化率当前已超过50%，为缓解城市用地紧张，超高层建筑数量逐渐增多。有些城市为彰显特色，地标性建筑多为超高层。

超高层建筑消耗更多的能源和资源，可能会给城市环境和室内环境带来负面影响。住房和城乡建设部委托住房和城乡建设部科技发展促进中心联合上海建筑科学研究院等有关单位共同编制《绿色超高层建筑评价技术细则》，并于2012年5月发布实施，以引导超高层建筑向绿色建筑方向发展，实现超高层建筑的节能减排。

（3）细则特点

《绿色超高层建筑评价技术细则》根据超高层建筑的特点和国内的实际情况，对照《标准》，对节地与室外环境、节能与能源利用、节水与水资源利用、节材与材料资源利用、室内环境质量、运行管理等六部分评价条文进行了分析，按"合理调整要求的内容"、"适当提高要求的内容"、"新增的要求"、"删除的要求"进行了标准。

（4）细则主要内容

绿色超高层建筑是未来的发展方向。现把施工方应该掌握的或了解的，有选择性地介绍如下：

细则适用于高度100 m以上的绿色超高层公共建筑的评价，主要面向新建超高层建筑（改扩建超高层建筑可参照使用）；评价绿色超高层建筑时，应在确保安全和功能的前提下，依据因地制宜原则，结合建筑所在地域的气候、资源、环境、经济、文化等特点进行。

1）节地与室外环境

① 控制项

● 场地建设不破坏当地文物古迹、自然水系和其他保护区。

在建设过程中应符合各级历史文化保护区、风景名胜区、自然保护区与水源保护区的建设要求，并且尽可能维持原有场地的自然水系和地形地貌。这样既可以避免因场地建设造成对原有生态环境、景观与历史遗迹的破坏，还可以减少用于场地平整所带来建设投资的增加，减少施工的工程量。场地内有价值的树木、水塘、水系不但具有较高的生态价值，而且是传承场地所在区域历史文脉的重要载体，也是该区域重要的景观标志。因此，应根据《城市绿化条例》等国家相关规定予以保护。对于因建设开发确需改造的场地内现有地形、地貌、水系、植被等环境状况，在工程结束后，鼓励建设方采取相应的场地环境恢复措施，减少对原有场地环境的改变，避免因土地过度开发而造成对城市整体环境的破坏。

● 建筑不对周边居住建筑物和道路造成光污染。

建筑使用高反射外立面构件和材料后，当直射日光照射其上时反射光更易对周围建筑群（尤其是居住建筑）产生光污染影响。同时考虑到超高层建筑外立面镜面材料应用面积大，且因高度较高造成影响范围广，应从立面玻璃的可见光反射比等光学参数加以限制，同时通过专业光污染模拟分析验证等方式加以控制，使其不对周边居住建筑和道路造成光污染。

● 施工过程中制定并实施保护环境的具体措施，控制由于施工引起的各种污染以及对场地周边区域的影响。

施工过程应按照《绿色施工评价标准》（GB/T 50640—2010）的要求进行。施工单位向建设单位（监理单位）提交的施工组织设计中，必须提出行之有效的控制扬尘的技术路线和方案，并积极履行，以减少施工活动对大气环境的污染。为减少施工过程对土壤环境的破坏，应根据建设项目的特征和施工场地土壤环境条件，识别各污染和破坏因素对土壤可能的影响，提出避免、消除、减轻土壤侵蚀和污染的对策与措施。施工工地污水一般含沙量和酸碱值较高，如未经妥善处理，将对公共排污系统及水生态系统造成不良影响。因此，必须严格执行《污水综合排放标准》（GB 8978—1996）的要求。

建筑施工噪声，是指在建筑施工过程中产生的干扰周围生活环境的声音。施工现场应制定降噪措施，使噪声排放达到或优于《建筑施工场界环境噪声排放标准》（GB 12523—2011）的限值要求。建筑在施工过程中的场界噪声应加以控制。施工场地电焊操作以及夜间作业时所使用的强照明灯光等所产生的眩光，是施工过程光污染的主要来源。施工单位应选择适当的照明方式和技术，尽量减少夜间对非照明区、周边区域环境的光污染。施工现场设置围挡，其高度、用材必须达到地方有关规定的要求。采取措施保障施工场地周边人群、设施的安全。

② 一般项

● 合理采用立体绿化方式。

绿化是城市环境建设的重要内容，是改善生态环境和提高生活质量的重要内容。为了大力改善城市生态质量，提高城市绿化景观环境质量，缓解雨水径流对城市管网的压力，建设用地内的绿化应避免大面积的纯草地，鼓励进行墙面绿化等立体绿化方式。这样既能切实地增加绿化面积，提高绿化在二氧化碳固定方面的作用，改善屋顶和墙壁的保温隔热效果，又可以节约土地。超高层建筑建筑特点决定其本身难以实现垂直绿化等，但附带裙房存在屋顶绿化和墙面绿化等立体绿化方式的可能。

③ 优选项

● 室外透水地面面积比大于等于 30%且透水铺装率大于等于 70%。下凹式绿地面积大于等于 50%的总绿地面积。

为减少城市及住区气温逐渐升高和气候干燥状况，降低热岛效应，调节微气候；增加场地雨水与地下水涵养，改善生态环境及强化天然降水的地下渗透能力，补充地下水量，减少因地下水位下降造成的地面下陷；减轻排水系统负荷，以及减少雨水的尖峰径流量，改善排水状况。本条提出了透水面积的相关规定。

2）节能与能源利用

① 控制项

● 围护结构热工性能指标符合现行国家批准或备案的相关建筑节能标准的规定。

围护结构热工性能指标应符合现行国家批准或备案的建筑节能标准对应的规定值，当所设计的建筑不能同时满足建筑节能设计标准中关于围护结构热工性能的所有规定性指标时，可通过调整设计参数并计算，最终实现所设计建筑全年的空气调节和采暖能耗不大于参照建筑能耗的目的。其中参照建筑的体形系数应与实际建筑完全相同，热工性能要求（包括围护结构热工要求、各朝向窗墙比设定等）按照建筑节能设计标准中的规定进行设定。

② 一般项

● 建筑窗墙比南向不大于 0.7，其他朝向均不大于 0.5。

窗墙面积比对建筑负荷和室内热舒适环境影响非常明显，而超高层建筑以玻璃幕墙为主要立面形式，考虑到透明幕墙的热工性能相对较差，不提倡在建筑立面上大面积应用透明幕墙，目的是鼓励超高层建筑在满足室内环境需求的前提下采用小窗墙比的建筑设计，降低建筑能耗。考虑到建筑各朝向太阳能量分布的不均衡性，南向窗墙比适当放大主要有两大好处，一是可增加冬季室内太阳辐射的热，二是对过渡季及夏季通风有一定帮助。其他朝向窗墙比的增加会同时增加冬季和夏季的空调能耗。

③ 优选项

● 严寒地区建筑通过优化建筑围护结构热工性能实现全年采暖和空调负荷比现行国家批准或备案的相关建筑节能设计标准参照值低 5%以上，其他地区低 3%以上。

鼓励绿色建筑通过围护结构优化设计如采用新型节能幕墙、新型保温隔热技术、有效的遮阳措施等降低建筑采暖空调负荷，同时提高非空调采暖季节的室内热环境质量。

3）节水与水资源利用

① 控制项

● 制定水资源规划方案，统筹、综合利用各种水资源。

根据当地政府规定的节水要求、地区水资源状况、气象资料、地质条件及市政设施情况等，选择可资利用的水资源。当项目含多种使用功能，如：办公、商场、餐饮、会展、旅馆等时，应统筹考虑项目内水资源的情况，合理确定综合利用方案。水资源规划方案应合理确定用水定额、编制用水量估算（水量计算表）及水量平衡表，并进行技术经济可行性分析。用水定额按照《民用建筑节水设计标准》（GB 50555—2010）规定确定。

● 设置合理、完善的供水、排水系统。

建筑给排水系统的设计首先要符合现行国家标准规范的相关规定。选用管材、管道附件及设备等供水设施时要考虑在运行中不会对供水造成二次污染，鼓励选用高效低耗的设备如变频供水设备、高效水泵等。根据用水要求的不同，给水水质应达到国家、地方或行业规定的相应标准。管材、管道附件及设备等供水设施的选取和运行不对供水造成二次污染。有直饮水时，直饮水应采用独立的循环管网供水，并设置安全报警装置。各供水系统应保证以足够的水量和水压向所有用户不间断地供应符合卫生要求的用水。

② 一般项

● 给水管道系统不出现超压出流现象。

超压出流是指卫生器具配水点的出流量大于额定流量的现象。超压出流量并不产生正常的使用效益，是浪费的水量。由于这部分水量是在使用过程中流失的，不易被人们察觉和认识，属"隐形"水量浪费。超高层建筑给水系统超压出流的现象是普遍存在而且是比较严重的。建筑给水系统超压出流的防治应从给水系统的设计、合理进行压力分区、采取减压措施等多方面采取对策。超高层建筑给水、中水、热水系统应竖向分区，各分区最低卫生器具配水点处的静水压力不宜大于 0.45MPa，且分区内低层部分应设减压限流措施，保证各用水点处供水压力不大于 0.2MPa。

③ 优选项

● 项目周边有市政再生水利用条件时，非传统水源利用率不低于 30%；项目周边无市政再生水利用条件时，非传统水源利用率不低于 15%。

4）节材与材料资源利用

① 控制项

● 建筑造型要素简约，无大量装饰性构件。

建筑是艺术和技术的综合体，但为了片面追求美观而以巨大的资源消耗为代价，不符合绿色建筑的基本理念。鼓励设计师利用功能性构件作为建筑造型的语言，通过使用功能装饰一体化构件，在满足建筑功能的前提下表达丰富的美学效果，并节约材料资源。在设计中须控制造型要素中没有功能作用的装饰构件的大量应用，当装饰性构件较多时，需进行造价核算，控制装饰性构件的造价不高于工程总造价的 5‰。

● 现浇混凝土采用预拌混凝土。

预拌混凝土性能稳定性比现场搅拌好得多，对于保证混凝土工程质量十分重要。与现场搅拌混凝土相比，采用预拌混凝土还能够减少施工现场噪声和粉尘污染，并节约能源、资源，减少材料损耗。因此，我国现阶段应大力提倡和推广使用预拌混凝土，预拌混凝土的应用技术已较为成熟。国家有关部门发布了一系列关于限期禁止在城市城区现场搅拌混凝土的文件，明确规定"北京等 124 个城市城区从 2003 年 12 月 31 日起禁止现场搅拌混凝土，其他省（自治区）辖市从 2005 年 12 月 31 日起禁止现场搅拌混凝土"。

② 一般项

● 施工现场 500 km 以内生产的建筑材料质量占建筑材料总质量的 60% 以上。

建材本地化是减少材料运输过程中资源和能源消耗、降低环境污染的重要手段之一。

提高本地材料使用率还可促进当地经济发展。本条鼓励使用本地生产的建筑材料，提高就地取材制成的建筑材料所占的比例。本条主要审查工程决算材料清单，其中清单中要标明材料生产厂家的名称、地址，并据此计算施工现场 500 km 范围内生产的建筑材料质量占建筑材料总质量的比例。

● 建筑砂浆采用商品砂浆。

使用商品砂浆可明显减少砂浆用量，广泛推广应用商品砂浆，节约的砂浆量相当可观。使用商品砂浆不仅可节省材料，而且性能也比现场搅拌砂浆更稳定，质量更好，更有利于保证建筑工程质量。商务部、公安部和建设部等六部委于 2007 年 6 月 6 日联合发布了《关于在部分城市限期禁止现场搅拌砂浆工作的通知》，要求"北京、天津、上海等 10 个城市从 2007 年 9 月 1 日起禁止在施工现场使用水泥搅拌砂浆，重庆等 33 个城市从 2008 年 7 月 1 日起禁止在施工现场使用水泥搅拌砂浆，长春等 84 个城市从 2009 年 7 月 1 日起禁止在施工现场使用水泥搅拌砂浆。"

● 合理选用高性能建筑材料。

使用高性能建筑材料是建筑节材的重要措施之一。高性能包括高强、高耐久等。其中的强度指标最为重要且便于评价。使用高强度混凝土、高强度钢可以解决材料用量较大的问题，增加建筑使用面积。钢筋混凝土或钢骨混凝土竖向承重结构中要求 HRB400 级钢筋占竖向承重结构中全部钢筋（分布筋、拉筋及箍筋可以除外）的 80%以上（当采用更高强度钢筋时，可以按强度设计值相等的原则折合成 HRB400 级钢筋）。钢筋混凝土、钢骨混凝土或钢管混凝土竖向承重结构中要求 C50 级混凝土占竖向承重结构中全部混凝土的 80%以上（顶部 15 层可以除外。当采用更高强度混凝土时，可以按强度设计值相等的原则折合成 C50 级混凝土）。钢、钢骨混凝土或钢管混凝土竖向承重结构中要求 Q345 级钢材占竖向承重结构中全部钢材的 80%以上（顶部 15 层可以除外。当采用更高强度钢材时，可以按强度设计值相等的原则折合成 Q345 级钢材。强度设计值低于 295 MPa 的 Q345 钢材不作为高强材料）。

● 在保证安全和不污染环境的情况下，使用可再利用建筑材料和可再循环建筑材料，其质量之和不低于建筑材料总质量的 10%。

本条旨在整体考量建筑材料的循环利用对于节材和材料资源利用的贡献。鼓励在绿色建筑中尽可能多地使用可再利用建筑材料和可再循环建筑材料。可再利用建筑材料是指基本不改变旧建筑材料或制品的原貌，仅对其进行适当清洁或修整等简单工序后经过性能检测合格，直接回用于建筑工程的建筑材料。一般是指制品、部品或型材形式的建筑材料。合理使用可再利用建筑材料，可延长仍具有使用价值的建筑材料的使用周期，减少新建材的使用量。

如果原貌形态的建筑材料或制品不能直接回用在建筑工程中，但可经过破碎、回炉等专门工艺加工形成再生原材料，用于替代传统形式的原生原材料生产出新的建筑材料，此类建材可视为可再循环建筑材料，例如钢筋、钢材、铜、铝合金型材、玻璃等。充分使用可再利用和可再循环的建筑材料可以减少生产加工新材料带来的资源、能源消耗和环境污染，充分发挥建筑材料的循环利用价值，对于建筑的可持续性具有非常重要的意义，具有良好的经济和社会效益。

● 在保证性能和安全的前提下，使用以废弃物为原料生产的建筑材料，其用量占同类建筑材料的比例均不低于30%。

"以废弃物为原料生产的建筑材料"是指在满足安全和使用性能的前提下，使用废弃物等作为原材料生产出的建筑材料，其中废弃物主要包括建筑废弃物、工业废弃物和生活废弃物。在满足使用性能的前提下，鼓励使用以建筑废弃混凝土生产出的再生骨料制作成的混凝土砌块、配制的再生混凝土等建筑材料；鼓励使用以工业废弃物、农作物秸秆、建筑垃圾、淤泥为原料制作的墙体材料、保温材料等建筑材料；鼓励使用以工业副产品石膏为原料制作的石膏制品；鼓励使用以生活废弃物经处理后制成的建筑材料。为保证废弃物使用量达到一定要求，本条规定以废弃物为原料生产的建筑材料用量占同类建筑材料的比例需超过30%，废弃物的掺量至少达到20%以上方可计入。

● 采取有效措施，减少土建装修过程中对已有建筑构件及设施的破坏和拆改。

减少对已有建筑构件及设施的破坏和拆改的有效措施包括：各专业图纸表达清楚，深度满足国家规定；所有图纸签章齐全；设计无甩项；事先统一进行建筑构件上的孔洞预留和装修面层固定件的预埋，避免在装修施工阶段对已有建筑构件的打凿、穿孔等。减少土建装修过程中对已有建筑构件及设施的破坏和拆改，既有利于保证结构安全，又可减少建筑垃圾。

● 施工组织计划中设置专门的节材方案，并落实施工固废分类回收等节材措施。

鼓励施工单位在施工组织设计中制订节材方案，并在施工组织设计中独立成章。在保证工程安全与质量的前提下，根据工程的实际情况制定针对性的节材措施，进行施工方案的节材优化。施工所产生的垃圾、废弃物，应在现场进行分类处理，这是回收利用废弃物的关键和前提，也是建筑施工过程中节材的重要措施。绿色建筑在施工过程中应最大限度利用建设用地内拆除的或其他渠道收集得到的旧建筑材料，以及建筑施工和场地清理时产生的废弃物等，达到节约原材料、减少废物、降低环境影响的目的。施工单位需制定专门的建筑施工废弃物管理计划，指导及规范施工中固体废弃物的回收利用。

③ 优选项

● 在保证安全的前提下，对建筑方案和结构体系进行节材优化。

超高层项目的建筑方案不同，材料用量会相差很多，另外，超高层建筑中超过一半的材料用于结构构件，因此，在设计过程中对建筑方案、结构体系和结构构件进行合理优化，能够有效地节约材料用量。现行国标只针对建筑结构体系，实际关注的是结构主体的材料和施工，而非建筑结构方案。超高层的建筑结构方案优化具有很大的节材潜力。结构方案相同而建筑布置不同的建筑，用材量水平会有很大的差异，资源消耗水平、对环境的冲击也会有很大的差异。因此，除了关注结构方案外，还需关注建筑布置的优劣。

5）室内环境质量

① 控制项

● 建筑采用的室内装饰装修材料有害物质含量符合国家相关标准的规定。

所用建筑材料不会对室内环境产生有害影响是绿色建筑对建筑材料的基本要求。选用有害物质限量达标、环保效果好的建筑材料，可以防止由于选材不当造成室内环境污染。根据生产及使用技术特点，可能对室内环境造成危害的装饰装修材料主要包括人造板及其制品、木器涂料、内墙涂料、胶黏剂、木家具、壁纸、卷材地板、地毯、地毯衬垫和地毯用胶黏剂等。这些装饰装修材料中可能含有的有害物质包括甲醛、挥发性有机物（VOC）、苯、甲苯、二甲苯以及游离甲苯二异氰酸酯等。因此，对上述各类室内装饰装修材料中有害物质含量应进行严格控制。我国制定了有关室内装饰装修材料的多项国家标准。绿色建筑选用的装饰装修材料应符合以下标准的规定：

《室内装饰装修材料 人造板及其制品中甲醛释放限量》（GB 18580—2001）

《室内装饰装修材料 溶剂型木器涂料中有害物质限量》（GB 18581—2009）

《室内装饰装修材料 内墙涂料中有害物质限量》（GB 18582—2008）

《室内装饰装修材料 胶粘剂中有害物质限量》（GB 18583—2008）

《室内装饰装修材料 木家具中有害物质限量》（GB 18584—2001）

《室内装饰装修材料 壁纸中有害物质限量》（GB 18585—2001）

《室内装饰装修材料 聚氯乙烯卷材地板中有害物质限量》（GB 18586—2001）

《室内装饰装修材料 地毯、地毯衬垫及地毯胶粘剂有害物质释放限量》（GB 18587—2001）

《混凝土外加剂中释放氨的限量》（GB 18588—2011）

● 建筑围护结构内部和表面无结露、发霉现象。

建筑围护结构结露、发霉直接影响建筑室内的空气质量。为防止冬季或寒冷季节建筑围护结构内部和表面出现结露，应采取合理的保温措施，防止其内表面温度过低。为防止辐射型空调末端如辐射吊顶产生结露，应通过合理的运行控制策略保证其表面温度高于室内空气露点温度。

② 一般项

● 建筑内部功能空间布局合理，减少相邻空间的噪声干扰以及外界噪声对室内的影响，并采取合理措施控制设备的噪声和振动。

建筑空间的布局上要同时考虑噪声的水平传递和垂向传播。

对于超高层建筑来说，通常会有垂直跨度较大的中庭设计。这样，噪声在建筑内部不仅存在水平传播而同时存在垂直纵向传递，建筑功能空间的设计上也应作相应的考虑。餐饮、文化娱乐和商场类等相对喧闹的功能空间楼层应与酒店住宿、文教、疗养和办公等声环境要求较高的楼层尽量分开，当不可避免时应考虑必要的隔声设计。

在设备系统设计、安装时就考虑其引起的噪声与振动控制手段和措施，使噪声敏感的房间远离噪声源往往是最有效和经济的方法。常用方法有：采用低噪声型送风口与回风口，对风口位置、风井、风速等进行优化以避免送风口与回风口产生的噪声，或使用低噪声空调室内机、风机盘管、排气扇等；给有转动部件的室内暖通空调和给排水设备，如风机、水泵、冷水机组、风机盘管、空调机组等设置有效的隔振措施；采用消声器、消声弯头、消声软管，或优化管道位置等措施，消除通过风道传播的噪声；采用隔振吊架、隔振支撑、软接头、连接部位的隔振施工等措施，防止通过风道和水管传播的固体噪声；对空调机房采取吸声与隔声措施，安装设备隔声罩，优化设备位置以降低空调机房内的噪声水平；采用遮蔽物、隔振支撑、调整位置等措施，防止冷却塔发出的噪声；为空调室外机设置隔振橡胶、隔震垫，或采用低噪声空调室外机；采用消声管道，或优化管道位置（包括采用同层排水设计），对 PVC 下水管进行隔声包覆等，防止厕所、浴室等的给排水噪声；合理控制上水管水压，使用隔振橡胶等弹性方式固定，采用防水锤设施等，防止给排水系统出现水锤噪声，等等。

● 办公、旅馆区域 75%以上的主要功能空间室内采光系数满足《建筑采光设计标准》（GB/T 50033—2013）的要求。

超高层建筑采用玻璃幕墙形式，靠近建筑外侧的房间容易满足要求，但由于其平面进深相对较大，如果室内设计与布局不合理，也会造成大量区域天然采光效果不好，造成照明能耗的增加。在大进深室内，宜通过采用与采光相关联的照明控制系统的方式强化照明控制。为此，提出 75%以上的主要功能空间室内采光系数应满足《建筑采光设计标准》（GB/T 50033—2013）中 3.2.2～3.2.7 条的要求。

● 室内采用调节方便、可提高人员舒适性的空调末端。

建筑内主要功能房间应设有空调末端，空调末端应设有独立开启装置与温度和风速的调节开关。

● 会议室、多功能厅等专业声环境空间的各项声学设计指标满足《剧场、电影院和多用途厅堂建筑声学设计规范》（GB/T 50356—2005）中的相关要求。

会议室、多功能厅等设计需保证观众厅内任何位置都应避免多重回声、颤动回声、声聚焦和共振等缺陷，同时根据用途的差异各有所不同，会堂、报告厅和多用途厅堂等语音演出的厅堂需重点考虑语言清晰度，而剧场和音乐厅等声乐演出的厅堂则注重早期声场强度和丰满度，其主要通过在观众厅内布置适当的吸声装饰材料以控制混响时间来实现。依据《剧场、电影院和多用途厅堂建筑声设计规范》（GB/T 50356—2005），剧场应满足第 3 章要求；多用途厅堂应满足第 5 章要求；噪声控制应满足第 6 章要求。

③ 优选项

● 采用合理措施改善地下空间的天然采光效果。

地下空间的天然采光不仅有利于照明节能，而且充足的天然光还有利于改善地下空间卫生环境。由于地下空间的封闭性，天然采光可以增加室内外的自然信息交流，减少人们的压抑心理等；同时，天然采光也可以作为日间地下空间应急照明的可靠光源。地下空间的天然采光方法很多，可以是简单的天窗、采光通道。

● 建筑功能空间围护结构侧向隔声能力满足设计要求。

超高层建筑在设计上一般为多元化大跨度结构，其侧向传声能力应得到一定的控制。

● 建筑入口和主要活动空间设有无障碍设施。

为了不断提高建筑的质量和功能性，保证残疾人、老年人和儿童进出的方便性，体现建筑整体环境的人性化，除满足国家强制要求外，鼓励在建筑入口、电梯、卫生间等主要活动空间有更便捷的无障碍设施。

● 建筑室内采取有效的控烟措施。

吸烟危害健康并会对室内空气带来污染，因此应在建筑中采取有效的控烟措施，公共场所严禁吸烟，并有显著的宣传和警示标识。非公共场所内设置独立的可实现快速换气的吸烟区域，或者全楼禁止吸烟等。在机房、仓库等严格控制烟火的区域，必须设置监控装置或其他有效的控制措施，避免发生火灾。

6）营运管理（略）

7.《绿色工业建筑评价标准》（GB/T 50878—2013）

由中国建筑科学研究院、机械工业第六设计研究院等单位主编，国内十几家设计院、高校和科研机构参编的《绿色工业建筑评价标准》自 2014 年 3 月 1 日起实施。该标准突出工业建筑的特点和绿色发展要求，是国际上首部专门针对工业建筑的绿色评价标准，填补了国内外针对工业建筑的绿色建筑评价标准空白，具有科学性、先进性和可操作性，达到了国际领先水平。

《绿色工业建筑评价标准》（GB/T 50878—2013）共十一章。分别是：总则、术语、节地与可持续发展场地、节能与能源利用、节水与水资源利用、节材与材料资源利用、室外环境与污染物控制、室内环境与职业健康、运行管理、技术创新和进步。《绿色工业建筑评价标准》（GB/T 50878—2013）在考虑与现行国家政策、国家和行业标准衔接的同时，注重"绿色发展、低碳经济"新理念的应用，核心内容是节地、节能、节水、节材、环境保护、职业健康和运行管理。《绿色工业建筑评价标准》（GB/T 50878—2013）是各工业行业进行绿色工业建筑评价共同遵守的依据，体现了量化指标和技术要求并重的指导思想，采用权重计分法进行绿色工业建筑的评级，与国际上绿色建筑评价方法保持一致；规定了各行业工业建筑的能耗、水资源利用指标的范围、计算和统计方法。

《绿色工业建筑评价标准》（GB/T 50878—2013）是指导我国工业建筑"绿色"规划设计、施工验收、运行管理，规范绿色工业建筑评价的重要的技术依据。《绿色工业建筑评价标准》（GB/T 50878—2013）的颁布将有利于我国工业建筑规划、设计、建造、产品、管理一系列环节引入可持续发展的绿色理念，引导工业建筑逐步走向绿色。

第三章　绿色建筑评价技术细则

第一节　编制的原则、框架

为了规范绿色建筑的规划、设计、建设和管理，增强《标准》在绿色建筑实践的具体指导作用，《绿色建筑评价技术细则（试行）》于 2007 年 8 月正式颁布实施。

建筑活动是人类消耗资源，影响环境的最大活动之一。我国当前年建筑量世界排名第一。为坚持可持续发展理念，大力发展绿色建筑，制定《绿色建筑评价技术细则》（以下简称《细则》）的目的，是规范绿色建筑的评价，从三个层面上推进绿色建筑理论和实践的探索与创新。

一、编制的原则

《细则》编制的原则是依照《标准》的内容和评价要求制定的，但对具体的评价项进行了分级，还设定了分值。简化了评价内容和评价体系，使得《标准》容易理解和便于操作。

二、编制的框架

《细则》框架与《标准》保持一致，对住宅和公共建筑，分别从节地、节能、节水、节材、室内环境质量和营运管理等六个方面对绿色建筑进行评价。

第二节　《细则》相关评价内容

《细则》评价的内容包括控制项、一般项和优选项。《细则》是对《标准》评价内容的说明和解释。如：

● 《标准》条文："4.1.1 场地建设不破坏当地文物、自然水系、湿地、基本农田、森林和其他保护区。"

《细则》的评价内容："建设过程中应尽可能维持原有场地的地形地貌。场地内有较高的生态价值的树木、水塘、水系，是传承区域历史文脉的重要载体，应根据国家相关规定予以保护。确实需要改造的，工程结束后，须生态复原。"

● 《标准》条文："4.1.8 施工过程中制定并实施保护环境的具体措施，控制由于施工引起的大气污染、土壤污染、噪声影响、水污染、光污染以及对场地周边区域的影响。"

《细则》的评价内容："施工引起的大气污染主要包括施工扬尘和废气排放两个方面。土壤污染主要指各种污染和破坏因素对土壤可能产生的影响；水污染指工地污水未经完善处理排放，对市政排污系统及水生态系统造成的不良影响；噪声影响指施工过程中产生干扰周围生活环境的声音；光污染指场地电焊操作及夜间作业所使用的强照明灯光所产生的眩光；场地周边区域的影响指涉及场地周边人群、设施的安全问题。对上述问题，开工前要制定并采取保护环境的具体措施，控制其影响。"

● 《标准》条文："4.4.6 将建筑施工、旧建筑拆除和场地清理时产生的固体废弃物分类处理，并将其中可再利用材料、可再循环材料回收和再利用。"

《细则》的评价内容："应同时满足下列要求：'对建筑施工、旧建筑拆除和场地清理产生的固体废弃物分类处理；提供废弃物管理规划或施工过程废弃物回收利用记录；建筑施工、旧建筑拆除和场地清理产生的固体废弃物（含可再利用材料、可再循环材料）回收利用率不低于 20%。得分则判定该项达标。'"

一、六类指标权值分

为体现六类指标之间的相对重要性，权值分见表 2-1。

表 2-1　六类指标权值分

建筑分类 指标名称	住宅权值	公建权值
节地与室外环境	0.15	0.10
节能与能源利用	0.25	0.25
节水与水资源利用	0.15	0.15
节材与材料资源利用	0.15	0.15
室内环境质量	0.20	0.20
运营管理	0.10	0.15

如：公共建筑相对比较重要的节能和室内环境质量权值分分别达到 0.25 和 0.20，而节地在公共建筑中不是很重要，其权值分为 0.10。

二、住宅建筑

1．施工过程中的环境保护

《细则》4.1.8 施工过程中制定并实施保护环境的具体措施，控制由于施工引起的大气污染、土壤污染、噪声影响、水污染、光污染以及对场地周边区域的影响。

施工过程中可能产生各类影响室外大气环境质量的污染物质，主要包括施工扬尘和废气排放。施工单位提交的施工组织设计文件中，必须提出行之有效的控制扬尘的技术路线和方案并切实履行，减少施工活动对大气环境的污染。

为减少施工过程对土壤环境的破坏，应根据建设项目的特征和施工场地土壤环境条件，识别各种污染和破坏因素对土壤可能产生的影响，提出避免、消除、减轻土壤侵蚀和污染的对策与措施。

建筑施工噪声，是指在建筑施工过程中产生的干扰周围生活环境的声音。施工现场应制定降噪措施，使噪声排放达到或优于《建筑施工场界环境噪声排放标准》（GB 12523—2011）的要求。

施工工地污水如未经妥善处理排放，将对市政排污系统及水生态系统造成不良影响。因此，必须严格执行《污水综合排放标准》（GB 8978—1996）的要求。

施工场地电焊操作以及夜间作业所使用的强照明灯光等所产生的眩光，是施工过程光污染的主要来源。施工单位应选择适当的照明方式和技术，尽量减少夜间对非照明区、周边区域环境的光污染。

施工现场设置围挡，其高度、用材必须达到地方有关规定的要求。应采取措施保障施工场地周边人群、设施的安全。

2．节材与材料资源利用

（1）控制项

《细则》4.4.1 建筑材料中有害物质含量符合现行国家标准 GB 18580～18588 和《建筑材料放射性核素限量》（GB 6566—2010）的要求。

所用建筑材料不会对室内环境产生有害影响是绿色建筑对建筑材料的基本要求。选用有害物质限量达标、环保效果好的建筑材料，可以防止由于选材不当造成室内环境污染。该项条款用以限定装饰装修所用材料对室内环境的污染程度。

1）根据生产及使用技术特点，可能对室内环境造成危害的装饰装修材料主要包括人造板及其制品、木器涂料、内墙涂料、胶黏剂、木家具、壁纸、卷材地板、地毯、地毯衬垫及地毯用胶黏剂等。这些装饰装修材料中可能含有的有害物质包括甲醛、挥发性有机物（VOC）、苯、甲苯和二甲苯以及游离甲苯二异氰酸酯等。因此，对上述各类室内装饰装修材料中有害物质含量必须进行严格控制。我国制定了有关室内装饰装修材料的多项国家标准。绿色建筑选用的装饰装修材料必须符合这些标准的要求。

室内装饰装修材料必须遵循的有害物质限量标准如下，只要有一种材料不符合下述相关标准要求即判定该建筑不具备绿色建筑评价资格：

　　《室内装饰装修材料　人造板及其制品中甲醛释放限量》（GB 18580—2001）

　　《室内装饰装修材料　溶剂型木器涂料中有害物质限量》（GB 18581—2009）

　　《室内装饰装修材料　内墙涂料中有害物质限量》（GB 18582—2008）

　　《室内装饰装修材料　胶粘剂中有害物质限量》（GB 18583—2008）

　　《室内装饰装修材料　木家具中有害物质限量》（GB 18584—2001）

　　《室内装饰装修材料　壁纸中有害物质限量》（GB 18585—2001）

　　《室内装饰装修材料　聚氯乙烯卷材地板中有害物质限量》（GB 18586—2001）

　　《室内装饰装修材料　地毯、地毯衬垫及地毯用胶粘剂中有害物质释放限量》（GB 18587—2001）

　　2）由于形成条件或生产技术等原因，用于室内的石材、瓷砖、卫浴洁具等建筑材料及其制品，往往具有一定的放射性。放射性在一定剂量范围内是安全的，但是超过一定剂量就会造成人身伤害。必须将上述建筑材料及其制品的放射性限制在安全范围之内，这是强制性的，也是绿色建筑的最基本要求。只要有一种材料不符合放射性安全要求即判定该建筑不具备绿色建筑评价资格。安全与否的衡量标准可以遵循《建筑材料放射性核素限量》（GB 6566—2010）的要求。

　　3）建筑主体材料（包括水泥与水泥制品、砖、瓦、混凝土、混凝土预制构件、砌块、墙体保温材料、工业废渣及掺工业废渣的建筑结构和围护材料、各种新型墙体材料等）以及建筑外装饰装修材料必须符合相关行业标准或国家标准要求，才能保证建筑物的使用安全和预期寿命，这是任何建筑都必须满足的条件，也是绿色建筑的最基本要求。只要有一种材料不符合相关行业标准或国家标准要求即判定该建筑不具备绿色建筑评价资格。

　　4）由于混凝土中掺用了含有尿素的防冻剂，导致建成后的建筑物室内长期释放难闻的氨味，严重影响室内环境质量。《混凝土外加剂中释放氨的限量》（GB 18588—2001）是绿色建筑对混凝土外加剂提出的基本要求。只要有一种外加剂不满足该标准要求即判定该建筑不具备绿色建筑评价资格。

　　5）随着科技的进步和使用过程中不断暴露的新问题，一些建筑材料或制品的技术性能已经被证明不适宜继续在建筑工程中应用，或者不适宜在某些地区或某些类型建筑中使用。在绿色建筑中严禁使用国家及当地建设主管部门向社会公布限制、禁止使用的建筑材料及制品。例如《建设事业"十一五"推广应用和限制禁止使用技术公告》中限制、禁止使用的建筑材料及制品。

《细则》4.4.2 建筑造型要素简约，无大量装饰性构件

　　为片面追求美观而以较大的资源消耗为代价，不符合绿色建筑的基本理念。在设计中应控制造型要素中没有功能作用的装饰构件的应用。没有功能作用的装饰构件的应用，归纳为如下几种常见情况：

　　1）不具备遮阳、导光、导风、载物、辅助绿化等作用的飘板、格栅和构架等作为构成要素在建筑中大量使用（相应工程造价超过工程总造价的 2%），则判定该建筑不具备绿色建筑评价资格。

2）如果单纯为追求标志性效果在屋顶等处设立塔、球、曲面等异型构件，其相应工程造价超过工程总造价的 2%，则判定该建筑不具备绿色建筑评价资格。

3）女儿墙高度超过规范要求 2 倍以上，则判定该建筑不具备绿色建筑评价资格。

4）如果采用了不符合当地气候条件的、并非有利于节能的双层外墙（含幕墙）的面积超过外墙总建筑面积的 20%，则判定该建筑不具备绿色建筑评价资格。

（2）一般项

《细则》4.4.3 施工现场 500 km 以内生产的建筑材料重量占建筑材料总重量的 70% 以上。

建材本地化是减少运输过程资源和能源消耗、降低环境污染的重要手段之一。提高本地材料使用率还可促进当地经济发展。

《细则》以施工现场 500 km 范围内生产的建筑材料重量占建筑材料总重量的比例作为评分依据：

1）施工现场 500 km 范围内生产的建筑材料重量占建筑材料总重量的比例不低于 70%；

2）施工现场 500 km 范围内生产的建筑材料重量占建筑材料总重量的比例不低于 80%；

3）施工现场 500 km 以内生产的建筑材料重量占建筑材料总重量的比例不低于 90%。

《细则》4.4.4 现浇混凝土采用预拌混凝土。

我国建筑结构形式主要为钢筋混凝土结构。相比于现场搅拌混凝土生产方式，预拌混凝土性能的稳定性比现场搅拌好得多，对于保证混凝土工程质量十分重要。与现场搅拌混凝土相比，采用预拌混凝土还能够减少施工现场噪声和粉尘污染，并节约能源、资源，减少材料损耗。相比于预拌混凝土，现场搅拌混凝土要多损耗水泥 10%～15%，多消耗砂石 5%～7%。由于预拌混凝土的综合性能优势，早在 20 世纪 80 年代初，发达国家预拌混凝土的应用量已经达到混凝土总量的 60%～80%。目前美国预拌混凝土占其混凝土总产量的约 84%，瑞典为 83%。我国目前预拌混凝土用量仅占混凝土总量的 20% 左右。我国预拌混凝土整体应用比例的低下，导致大量自然资源浪费。因此，我国现阶段应大力提倡和推广使用预拌混凝土，其应用技术已较为成熟。国家有关部门发布了一系列关于限期禁止在城市城区现场搅拌混凝土的文件，明确规定"北京等 124 个城市城区从 2003 年 12 月 31 日起禁止现场搅拌混凝土，其他省（自治区）辖市从 2005 年 12 月 31 日起禁止现场搅拌混凝土"。

相比于现场搅拌砂浆，采用预拌砂浆可明显减少砂浆用量。据测算，对于多层砌筑结构，使用预拌砂浆比使用现场搅拌砂浆可节约 30% 的砂浆量；对于高层建筑，使用预拌砂浆比使用现场搅拌砂浆可节约抹灰砂浆用量 50%。欧美等发达国家预拌砂浆占其砂浆总量的比例很高。欧洲大约 85% 的建筑砂浆属于预拌干混砂浆，德国每年预拌砂浆用量高达

1 100 万 t，平均人口只有 20 万的城市就至少有一个预拌砂浆工厂，品种达上百种。我国目前预拌砂浆年用量很少，2005 年为 407 万 t，不足建筑砂浆总量的 2%。近年来，我国每年城镇建筑需消耗砂浆 3.5 亿 t 之多，广泛推广应用预拌砂浆，节约的砂浆量相当可观。使用预拌砂浆不仅可节省材料，而且预拌砂浆的性能也比现场搅拌砂浆更稳定，质量更好，更有利于保证建筑工程质量。商务部、公安部、原建设部等六部委于 2007 年 6 月 6 日联合发布了《关于在部分城市限期禁止现场搅拌砂浆工作的通知》，要求北京、天津、上海等 10 个城市从 2007 年 9 月 1 日起禁止在施工现场使用水泥搅拌砂浆，重庆等 33 个城市从 2008 年 7 月 1 日起禁止在施工现场使用水泥搅拌砂浆，长春等 84 个城市从 2009 年 7 月 1 日起禁止在施工现场使用水泥搅拌砂浆。

由于预拌混凝土和预拌砂浆技术已经较为成熟，技术经济性优势较为明显，采用预拌混凝土和预拌砂浆并不难实现。

《细则》4.4.5 建筑结构材料合理采用高性能混凝土、高强度钢

使用高性能的材料是建筑节材措施之一。在绿色建筑中应采用耐久性和节材效果好的建筑结构材料。高强混凝土、高耐久性高性能混凝土、高强度钢等结构材料在耐久性和节材方面具有明显优势。使用高强混凝土、高强度钢可以解决建筑结构中肥梁胖柱问题，可增加建筑使用面积。

1）钢筋混凝土建筑

目前我国建筑结构形式主要为钢筋混凝土结构。钢筋混凝土结构中的钢筋和混凝土的性能直接决定建筑耗材的水平。

我国建筑用钢筋长期以来一直是 HRB335，而美国、英国、日本、德国、俄罗斯以及东南亚国家已很少使用 HRB335 钢筋，即使应用也只是作配筋，主筋均采用 400MPa、500MPa 级钢筋，甚至 700MPa 级钢筋也有较多应用，有的国家甚至早已淘汰了 HRB335 钢筋。相比于 HRB335 钢筋，以 HRB400 为代表的高强钢筋具有强度高、韧性好和焊接性能优良等特点，应用于建筑结构中具有明显的技术经济性能优势。据测算，用 HRB400 钢筋代替 HRB335 钢筋，可节省 10%～14%的钢材。如果将我国混凝土结构的主导受力钢筋强度提高到 400～500 MPa(HRB400 级和 HRB500 级)，则可节约钢筋用量约 30%。HRB400 等高强钢筋的推广应用，可以明显节约钢材资源。我国应大力推广 HRB400 及其以上的高强钢筋。对于 6 层及以下的建筑，由于建筑结构构造等原因，采用高强钢筋并不合理，相反可能还会产生对优质钢筋的浪费，所以，仅在 6 层以上的建筑中要求采用高强钢筋。

美国等发达国家的混凝土以 C40、C50 为主，C70、C80 及以上的混凝土应用也很常见。目前我国混凝土约有 24%是 C25 以下、65%是 C30～C40，即将近 90%的混凝土属于 C40 及其以下的中低强度等级，C45～C55 仅占 8.5%。对于竖向承重结构构件，在相同承载力下，采用强度等级较高的混凝土可以减小构件截面尺寸，节约混凝土用量，增加建筑物使用面积。在混凝土竖向承重结构中，C50 及以上的混凝土具有明显的技术性能优势和节材效果。目前我国将 C50 作为高强混凝土的起点强度等级，因此，选定 C50 及以上强度等级作为竖向承重结构中混凝土强度的推荐等级。由于建筑结构构造等原因，6 层及以下的建筑中采用高强混凝土并不合理，仅在 6 层以上的建筑中要求采用高强混凝土。

提高混凝土耐久性，延长混凝土建筑物使用寿命，是建筑节材的重要技术途径，因此，是否采用以高耐久性为核心指标的高性能混凝土是绿色建筑的衡量指标之一。随着混凝土技术的进步，目前各种强度等级的混凝土都可以实现高耐久性，只要建筑物的设计使用寿命较长（大于 50 年），该建筑结构所采用的混凝土就应该尽可能实现高耐久性。6 层以上钢筋混凝土建筑物的设计使用寿命一般都应该较长，否则将造成浪费；6 层及以下的混凝土建筑，有的设计使用寿命较长，应该要求其混凝土具有高耐久性，有的设计使用寿命较短，甚至为临时建筑，此时就不必要求其混凝土具有高耐久性，否则是对高耐久性材料的浪费。

综上所述，对于 6 层以上的钢筋混凝土建筑，《细则》以是否合理使用 HRB400 及以上钢筋、高强混凝土和（或）满足设计要求的高性能混凝土作为评分依据：

① 钢筋混凝土结构中的受力钢筋使用 HRB400 级（或以上）钢筋占受力钢筋总量的 70%以上；

② 混凝土竖向承重结构中采用强度等级在 C50（或以上）混凝土用量占竖向承重结构中混凝土总量的比例超过 50%；

③ 高耐久性的高性能混凝土（以具有资质的第三方检验机构出具的、有耐久性合格指标的混凝土检验报告单为依据）用量占混凝土总量的比例超过 50%。

2）钢结构建筑

目前我国钢结构建筑所占比重很小，大约不到 5%。在每年建筑用钢材总消耗量已超过 1.8 亿 t 的情况下，钢结构加工总量还不足 1 800 万 t。2005 年以前我国重点高层钢结构建筑总计仅有 80 座。美国、日本、英国等发达国家，建设工程广泛采用钢结构，钢结构占建筑总量达 40% 以上。瑞典已经成为当今世界最大的钢结构制造国，其轻钢结构住宅预制构件已达 95%。钢结构具有诸多优点：自重轻，基础施工取土量少，对土地破坏小；大量减少混凝土和砖瓦的使用，有利于环境保护；建筑使用寿命结束后，建筑材料回用率高，有利于建筑节材等。随着我国经济实力的逐步提高，钢结构建筑在我国将有很大的发展空间。

钢结构本身具备自重轻、强度高、施工快等独特优点，高层、超高层建筑采用钢结构非常理想。目前世界上最高的建筑结构是钢结构。高层钢结构建筑中使用高强钢材可以节约钢材。国外目前主要使用 490MPa 级和 590MPa 级的高强度钢材，780MPa 级钢材也在积极推广使用。我国目前虽然还没有 490MPa 以上的建筑结构钢，但是已经推出 Q235GJ、Q235GJZ 和 Q345GJ、Q345GJZ 钢材，比原有的 Q235、Q345 的设计强度高。相对于采用普通 Q345 钢板，若采用 Q345GJ 钢板，由于 Q345GJ 使用强度提高，可节约钢材 10%左右。目前我国应提倡在高层钢结构建筑中采用 Q345GJ、Q345GJZ 等强度较高的高性能钢材。

3）砌体结构建筑

砌体结构（含配筋砌体结构）中涉及的混凝土和钢材相对于钢筋混凝土结构或钢结构

要少很多，所以对于砌体结构（含配筋砌体），此项不参评。

《细则》4.4.6 将建筑施工、旧建筑拆除和场地清理时产生的固体废弃物分类处理，并将其中可再利用材料、可再循环材料回收和再利用。

施工过程中，应最大限度利用建设用地内拆除的或其他渠道收集得到的旧建筑材料，以及建筑施工和场地清理时产生的废弃物等，达到节约原材料，减少废物，降低由于更新所需材料的生产及运输对环境的影响。

施工所产生的垃圾、废弃物，应在现场进行分类处理，这是回收利用废弃物的关键和前提。可再利用材料在建筑中重新利用，可再循环材料通过再生利用企业进行回收、加工，最大限度地避免废弃物随意丢弃，造成污染。施工单位需设计专门的建筑施工废物管理规划，包括寻找市场销路；制定废品回收计划和方法，包括废物统计、提供废物回收、折价处理和再利用的费用等内容。规划中需确认的回收物包括纸板、金属、混凝土砌块、沥青、现场垃圾、饮料罐、塑料、玻璃、石膏板、木制品等。

对建筑施工、旧建筑拆除和场地清理产生的固体废弃物分类处理，且提供废弃物管理规划或施工过程中废弃物回收利用记录。在此前提下，按照固体废弃物回收利用率对评分标准进行分档：

① 建筑施工、旧建筑拆除和场地清理产生的固体废弃物的回收利用率（含可再利用材料、可再循环材料）不低于 20%；

② 建筑施工、旧建筑拆除和场地清理产生的固体废弃物的回收利用率（含可再利用材料、可再循环材料）不低于 30%；

③ 建筑施工、旧建筑拆除和场地清理产生的固体废弃物的回收利用率（含可再利用材料、可再循环材料）不低于 40%。

《细则》4.4.7 在建筑设计选材时考虑使用材料的可再循环使用性能。在保证安全和不污染环境的情况下，可再循环材料使用重量占所用建筑材料总重量的 10% 以上。

充分使用可再循环材料可以减少生产加工新材料带来的资源、能源消耗和环境污染，对于建筑的可持续性具有非常重要的意义。建筑中可再循环材料包含两部分，一是使用的材料本身就是可再循环材料；二是建筑拆除时能够被再循环利用的材料。可再循环材料主要包括：金属材料（钢材、铜）、玻璃、铝合金型材、石膏制品、木材等。

设计过程中应考虑选用具有可再循环使用性能的建筑材料，实际施工中使用再循环材料，并考虑再循环使用材料的安全问题和环境污染问题。在此前提下，以工程材料决算清单中可再循环材料重量占所用建筑材料总重量的比例作为评分分档的依据：

① 工程材料决算清单中可再循环材料重量占所用建筑材料总重量的比例不低于 10%；

② 工程材料决算清单中可再循环材料重量占所用建筑材料总重量的比例不低于 20%；

③ 工程材料决算清单中可再循环材料重量占所用建筑材料总重量的比例不低于

30%。

《细则》4.4.8 土建与装修工程一体化设计施工，不破坏和拆除已有的建筑构件及设施。

土建和装修一体化设计施工，要求建筑师对土建和装修统一设计，施工单位对土建和装修统一施工。土建和装修一体化设计施工，可以事先统一进行建筑构件上的孔洞预留和装修面层固定件的预埋，避免在装修施工阶段对已有建筑构件打凿、穿孔，既保证了结构的安全性，又减少了噪声和建筑垃圾。一体化设计施工还可减少扰民，减少材料消耗，并降低装修成本。土建与装修工程一体化设计施工需要业主、设计院以及施工方的通力合作。

在土建与装修一体化设计方案中，如果采用了多种成套化装修设计方案，则可以满足不同客户的个性化、差异化需求，更有利于土建与装修一体化技术的推广。如果土建与装修一体化施工中采用工厂化预制的装修材料或部件，则可以减少现场湿作业等造成的材料浪费。本条评分分档如下：

① 采用土建与装修一体化设计方案，并在施工中实现了土建与装修一体化施工；

② 采用多种成套化的装修设计方案，并在施工中实现了土建与装修一体化施工；

③ 采用多种成套化的装修设计方案，且土建与装修一体化施工中采用工厂化预制的装修材料或部件，其重量占装饰装修材料总重量的50%以上。

《细则》4.4.9 在保证性能的前提下，使用以废弃物为原料生产的建筑材料，其用量占同类建筑材料的比例不低于 30%。

废弃物主要包括建筑废弃物、工业废弃物和生活废弃物，可作为原材料用于生产绿色建材产品。在满足使用性能的前提下，鼓励使用和利用建筑废弃物再生骨料制作的混凝土砌块、水泥制品和配制再生混凝土；鼓励使用和利用工业废弃物、农作物秸秆、建筑垃圾、淤泥为原料制作的水泥、混凝土、墙体材料、保温材料等建筑材料。例如，建筑中使用石膏砌块作内隔墙材料，其中以工业副产品石膏（脱硫石膏、磷石膏等）制作的工业副产品石膏砌块。鼓励使用生活废弃物经处理后制成的建筑材料。

为保证废弃物使用达到一定的数量要求，本条对使用以废弃物生产的建筑材料提出用量要求。如以废弃物为原料生产的建筑材料重量占同类建筑材料的总重量比例不低于30%，且废弃物取代原有同类产品中的天然或人造原材料的比例不低于20%，则满足该条款要求。在此基础上，本条评分分档如下：

① 在保证性能及安全性和健康环保的前提下，使用一种以废弃物为原料生产的建筑材料，其用量占同类建筑材料的比例不低于30%；

② 在保证性能及安全性和健康环保的前提下，使用两种以废弃物为原料生产的建筑材料，其用量占各自同类建筑材料的比例不低于30%；

③ 在保证性能及安全性和健康环保的前提下，使用三种或三种以上以废弃物为原料生产的建筑材料，其用量占各自同类建筑材料的比例不低于30%。

本条的评价方法为查阅设计图纸、施工记录及材料决算清单中有关材料的使用情况，包括混凝土配合比报告单等技术资料，检查工程中采用以废弃物作为原料的建筑材料的使用情况。

（3）优选项

《细则》4.4.10 采用资源消耗和环境影响小的建筑结构体系。

不同类型与功能特点的建筑，采用不同的结构体系和材料，对资源、能源消耗及其对环境的冲击存在显著差异。目前我国住宅建筑结构体系主要有砖-混凝土预制板混合结构、现浇混凝土框架剪力墙结构和混凝土框架结构，轻钢结构近年来也有一定发展。就全国范围而言，砖-混凝土预制板混合结构仍占主要地位，占整个建筑结构体系的 70%左右，钢结构建筑所占的比重还不到 5%。绿色建筑应从节约资源和环境保护的要求出发，在保证安全、耐久的前提下，尽量选用资源消耗和环境影响小的建筑结构体系，主要包括钢结构体系、砌体结构体系及木结构、预制混凝土结构体系。砖混结构、钢筋混凝土结构体系所用材料在生产过程中大量使用黏土、石灰石等不可再生资源，对资源的消耗很大，同时会排放大量 CO_2 等污染物。钢铁、铝材的循环利用性好，而且回收处理后仍可再利用。含工业废弃物制作的建筑砌块自重轻，不可再生资源消耗小，同时可形成工业废弃物的资源化循环利用体系。木材是一种可持续的建材，但是需要以森林的良性循环为支撑。因此，因地制宜地采用钢结构体系、木结构体系、预制混凝土结构体系和原材料中含有废弃物的砌体结构体系等任一种体系，并提供文件说明对结构体系进行了优化，则满足此条款要求。

《细则》4.4.11 可再利用建筑材料的使用率大于 5%。

可再利用材料指在不改变所回收物质形态的前提下进行材料的直接再利用，或经过再组合、再修复后再利用的材料。可再利用材料的使用，可延长仍具有使用价值的建筑材料的使用周期，降低材料生产的资源、能源消耗和材料运输对环境造成的影响。可再利用材料包括从旧建筑拆除的材料以及从其他场所回收的旧建筑材料。可再利用材料包括砌块、砖石、管道、板材、木地板、木制品（门窗）、钢材、钢筋、部分装饰材料等。评价时，需提供工程决算材料清单，计算使用可再利用材料的重量以及工程建筑材料的总重量，二者比值即为可再利用材料的使用率。根据可再利用材料的使用率，本条评分分档如下：

① 工程决算材料清单中可再利用建筑材料的用量占建筑材料总用量的比例不低于5%；

② 工程决算材料清单中可再利用建筑材料的用量占建筑材料总用量的比例不低于8%；

③ 工程决算材料清单中可再利用建筑材料的用量占建筑材料总用量的比例不低于10%。

3. 室内环境质量

（1）控制项

《细则》4.5.3 对建筑围护结构采取有效的隔声、减噪措施。卧室、起居室的允许噪声级在关窗状态下白天不大于 45 dB（A），夜间不大于 35 dB（A）。楼板和分户墙的空气声计权隔声量不小于 45 dB，楼板的计权标准化撞击声声压级不大于 70 dB。户门的空气声计权隔声量不小于 30 dB；外窗的空气声计权隔声量不小于 25 dB，沿街时不小于 30 dB。

住宅应该给居住者提供一个安静的环境，但是在现代城市中绝大部分住宅处于比较嘈杂的外部环境中，尤其是临主要街道的住宅，交通噪声的影响比较严重，因此需要设计者在住宅的建筑围护构造上采取有效的隔声、降噪措施。例如尽可能使卧室和起居室远离噪声源，沿街的窗户使用隔声性能好的窗户等。

作为绿色建筑既要考虑创造一个良好的室内环境，又要考虑资源的节约，不可片面地追求高性能。

《细则》4.5.5 室内游离甲醛、苯、氨、氡和 TVOC 等空气污染物浓度符合现行国家标准《民用建筑工程室内环境污染控制规范》（GB 50325—2010）的规定。

《民用建筑工程室内环境污染控制规范》（GB 50325—2010）列出了危害人体健康的游离甲醛、苯、氨、氡和 TVOC 五类空气污染物，并对它们的活度、浓度提出了控制要求和措施。对于绿色建筑本条文的规定必须满足。

（2）一般项

《细则》4.5.6 居住空间开窗具有良好的视野，且避免户间居住空间的视线干扰。当 1 套住宅设有 2 个及 2 个以上卫生间时，至少有 1 个卫生间设有外窗。

住宅的窗户除了有自然通风和自然采光的功能外，还具有从视觉上起到沟通内外的作用，良好的视野有助于居住者心情舒畅。现代城市中的住宅大都是成排成片建造，住宅之间的距离一般不会很大，因此应该精心设计，尽量避免前后左右不同住户之间的居住空间的视线干扰。当两幢住宅楼居住空间的水平视线距离不低于 18 m 时即能基本满足要求。

卫生间是住宅内部的一个空气污染源，卫生间开设外窗有利于污浊空气的排放，但是套内空间的平面布置常常又很难保证卫生间一定能靠外墙。因此，本条文规定在一套住宅有多个卫生间的情况下，应至少有一个卫生间开设外窗。

《细则》4.5.7 屋面、地面、外墙和外窗的内表面在室内温、湿度设计条件下无结露现象。

《民用建筑热工设计规范》（GB 50176—1993）对建筑围护结构的热工设计提出了很多基本的要求，其中规定外围护结构的内表面不能结露，绿色建筑应满足此要求。外围护结构的内表面结露会造成居民生活不便，严重时会导致真菌的滋生，影响室内的卫生条件。绿色建筑应为居住者提供一个良好的室内环境，因此在室内温、湿度设计条件下不应产生结露现象。

导致结露除空气过分潮湿外，表面温度过低是直接的原因。一般来说，住宅外围护结构的内表面大面积结露的可能性不大，结露大都出现在金属窗框、窗玻璃表面、墙角、墙面上可能出现的热桥附近。作为绿色建筑在设计和建造过程中，应核算可能结露部位的内表面温度是否高于露点温度，采取措施防止在室内温、湿度设计条件下产生结露现象。

《细则》4.5.8 在自然通风条件下，房间的屋顶和东、西外墙内表面的最高温度满足现

行国家标准《民用建筑热工设计规范》（GB 50176—1993）的要求。

《民用建筑热工设计规范》（GB 50176—1993）对建筑围护结构的热工设计提出了很多基本的要求，其中规定在自然通风条件下屋顶和东、西外墙内表面的温度不能过高。屋顶和外墙内表面温度的高低直接影响室内人员的舒适，控制屋顶和外墙内表面的温度不至于过高，可使住户少开空调多通风，有利于提高室内的热舒适水平，同时降低空调能耗。《民用建筑热工设计规范》（GB 50176—1993）详细规定了在自然通风条件下计算屋顶和东、西外墙内表面温度的方法。

《细则》4.5.10 采用可调节外遮阳装置，防止夏季太阳辐射透过窗户玻璃直接进入室内。

夏季强烈的阳光透过窗户玻璃照到室内会引起居住者的不舒适感，同时还会增大空调负荷。窗户的内侧设置窗帘在住宅建筑中是非常普遍的。但内窗帘在遮挡直射阳光的同时常常也遮挡了散射的光线，影响室内自然采光，而且内窗帘对减小由阳光直接进入室内而产生的空调负荷作用不大。在窗户的外面设置一种可调节的遮阳装置，可以根据需要调节遮阳装置的位置，防止夏季强烈的阳光透过窗户玻璃直接进入室内，提高居住者的舒适感。

可调节外遮阳装置对于夏季的节能作用非常明显。许多住宅在工作日的白天室内是没有人的，如果窗户有可靠的可调节外遮阳（例如活动卷帘），白天可以借助外遮阳将绝大部分太阳辐射阻挡在室外，可以大大缩短晚上空调器运行的时间。

外遮阳之所以要强调可调节性，是因为无论是从生理还是从心理的角度出发，冬季和夏季居住者对透过窗户进入室内的阳光的需求是截然相反的，而固定的外遮阳（例如窗口上沿的遮阳板）无法很好地适应这种相反的需求。可调节外遮阳还应注重可靠、耐久和美观。

满足上述条件，在严寒、寒冷地区得 15 分，在其他地区得 25 分。

（3）优选项

《细则》4.5.12 卧室、起居室（厅）使用蓄能、调湿或改善室内空气质量的功能材料。

卧室、起居室（厅）使用蓄能、调湿或改善室内空气质量的功能材料有利于降低采暖空调能耗、改善室内环境。虽然目前建筑市场上还少有可以大规模使用的这类功能材料，但作为绿色建筑应该鼓励开发和使用这类功能材料。目前较为成熟的这类功能材料包括空气净化功能纳米复相涂覆材料、产生负离子的功能材料、稀土激活保健抗菌材料、湿度调节材料、温度调节材料等。

三、公共建筑

1. 节地与室外环境

（1）控制项

《细则》5.1.1 场地建设不破坏当地文物、自然水系、湿地、基本农田、森林和其他保护区。

在建设过程中尽可能维持原有场地的地形地貌，减少场地建设投资和工程量、避免对场地原有生态环境与景观的破坏；对场地内有生态及人文价值的地形、地貌、水系、植被等予以保护，确实需要改造的，则在工程结束后进行生态复原。

具有历史、艺术和科学价值的文物包括：古文化遗址、古墓葬、古建筑、石窟寺和石刻；反映古代社会制度、生产、生活的代表性实物、艺术品及工艺美术品；与重大历史事件、革命运动和著名人物有关的建筑物、遗址、纪念物、文献资料、手稿、古旧图书资料等；古脊椎动物化石和古人类化石。

湿地是指不问其为天然或人工、长久或暂时性的沼泽地、泥炭地或水域地带、静止或流动、淡水、半咸水、咸水体，包括低潮时水深不超过 6 m 的水域，包括珊瑚礁、滩涂、红树林、湖泊、河流、河口、沼泽、水库、池塘、水稻田等多种类型。

根据《中华人民共和国森林法实施条例》规定，森林资源包括森林、林木、林地以及依托森林、林木、林地生存的野生动物、植物和微生物。

其他保护区包括自然保护区、自然风景保护区、生物圈保护区、历史文化保护区等。

《细则》5.1.2 建筑场地选址无洪灾、泥石流及含氡土壤的威胁，建筑场地安全范围内无电磁辐射危害和火灾、爆炸、有毒物质等危险源。

对用地的选址与水文状况做出分析，用地应位于洪水水位之上（或有可靠的城市防洪设施），防汛能力达到《防洪标准》（GB 50201—1994）的要求；充分考虑到泥石流、滑坡等自然灾害的应对措施。

用地避开对建筑抗震不利地段，如地址断裂带、易液化土、人工填土等地段。冬季寒冷地区和多沙暴地区避开容易产生风切变的场址。

选址周围土壤氡浓度符合《民用建筑工程室内环境污染控制规范》（GB 50325—2001）的规定；对原有工业用地进行土壤化学污染检测和评估，满足国家相关标准要求。

选址周围电磁辐射符合《电磁辐射防护规定》（GB 8702—1988），远离电视广播发射塔、雷达站、通信发射台、变电站、高压电线等；同时远离油库、煤气站、有毒物质车间等有可能发生火灾、爆炸和毒气泄漏等的区域。

《细则》5.1.3 不对周边建筑物带来光污染，不影响周围居住建筑的日照要求。

公共建筑的布局、体形、装饰等需避免对周围环境产生光污染，或对周围居住建筑产生不利的日照遮挡。

公共建筑如采用镜面式铝合金装饰外墙或玻璃幕墙，当直射日光和天空光照射其上时，会产生反射光及眩光，进而可能造成道路安全隐患，而不合理的夜景照明易造成人工白昼及采光污染，应加以避免。此外，新建及改造公共建筑应避免过多遮挡周边建筑，以保证其满足日照标准的要求。

《细则》5.1.5 施工过程中制定并实施保护环境的具体措施，控制由于施工引起各种污染以及对场地周边区域的影响。

施工单位向建设单位（监理单位）提交的施工组织设计中，必须提出行之有效的控制扬尘的技术路线和方案，并切实履行，以减少施工活动对大气环境的污染。

为减少施工过程对土壤环境的破坏，应根据建设项目的特征和施工场地土壤环境条件，识别各种污染和破坏因素对土壤可能的影响，提出避免、消除、减轻土壤侵蚀和污染的对策与措施。

施工工地污水须严格执行《污水综合排放标准》（GB 8978—1996）的要求。

建筑施工噪声达到或优于《建筑施工场界环境噪声排放标准》（GB 12523—2011）的要求。

施工单位应选择适当的照明方式和技术，尽量减少夜间对非照明区、周边区域环境的光污染。

施工现场设置围挡，其高度、用材必须达到地方有关规定的要求。采取措施保障施工场地周边人群、设施的安全。

（2）一般项

《细则》5.1.8 合理采用屋顶绿化、垂直绿化等方式。

绿化是城市环境建设的重要内容，是改善生态环境和提高生活质量的重要内容。为了大力改善城市生态质量，提高城市绿化景观环境质量，建设用地内的绿化应避免大面积的纯草地，鼓励进行屋顶绿化和墙面绿化等。屋顶绿化面积占绿化总面积的比例达到30%以上，这样既能增加绿化面积，提高绿化在二氧化碳固定方面的作用，改善屋顶和墙壁的保温隔热效果，又可以节约土地。

《细则》5.1.9 绿化物种选择适宜当地气候和土壤条件的乡土植物，且采用包含乔、灌木的复层绿化。

植物的配置应能体现本地区植物资源的丰富程度和特色植物景观等方面的特点，以保证绿化植物的地方特色。同时，要采用包含乔、灌木的复层绿化，可以形成富有层次的城市绿化体系。选择适宜当地气候和土壤条件的物种，植物成活率95%以上以及采用包含乔、灌木的复层绿化。

《细则》5.1.11 合理开发利用地下空间。

开发利用地下空间是城市节约用地的主要措施，也是节地倡导的措施之一。但在利用地下空间的同时应结合地质情况，处理好地下入口与地上的有机联系、通风及防渗漏等问题，同时采用适当的手段实现节能。地下空间建筑面积之比≥15%。

（3）优选项

《细则》5.1.14 室外透水地面面积比大于等于40%。

为减少城市及住区气温逐渐升高和气候干燥状况，降低热岛效应，调节微气候；增加场地雨水与地下水涵养，改善生态环境及强化天然降水的地下渗透能力，补充地下水量，减少因地下水位下降造成的地面下陷；减轻排水系统负荷，以及减少雨水的尖峰径流量，改善排水状况，本条提出了透水面积的相关规定。

本条对透水地面的界定是：自然裸露地、公共绿地、绿化地面和面积大于等于40%的镂空铺地（如植草砖）；透水地面面积比指透水地面面积占室外地面总面积的比例。

2．节材与材料资源利用

（1）控制项

《细则》5.4.1 建筑材料中有害物质含量符合现行国家标准 GB 18580—18588 和《建筑材料放射性核素限量》（GB 6566—2010）的要求。

严禁使用国家及当地建设主管部门向社会公布限制、禁止使用的建筑材料及制品。建筑材料中的有害物质含量必须符合下列国家标准：

《室内装饰装修材料 人造板及其制品中甲醛释放限量》（GB 18580—2001）

《室内装饰装修材料 溶剂型木器涂料中有害物质限量》（GB 18581—2009）

《室内装饰装修材料 内墙涂料中有害物质限量》（GB 18582—2008）

《室内装饰装修材料 胶粘剂中有害物质限量》（GB 18583—2008）

《室内装饰装修材料 木家具中有害物质限量》（GB 18584—2001）

《室内装饰装修材料 壁纸中有害物质限量》（GB 18585—2001）

《室内装饰装修材料 聚氯乙烯卷材地板中有害物质限量》（GB 18586—2001）

《室内装饰装修材料 地毯、地毯衬垫及地毯用胶粘剂中有害物质释放限量》（GB 18587—2001）

《混凝土外加剂中释放氨的限量》(GB 18588—2011）

《建筑材料放射性核素限量》(GB 6566—2010）

《细则》5.4.2 建筑造型要素简约，无大量装饰性构件。

没有功能作用的装饰构件主要指：不具备遮阳、导光、导风、载物、辅助绿化等作用的飘板、格栅和构架等，且作为构成要素在建筑中大量使用；单纯为追求标志性效果在屋顶等处设立的大型塔、球、曲面等异形构件。

（2）一般项

《细则》5.4.3 施工现场 500 km 以内生产的建筑材料重量占建筑材料总重量的 60%以上。

根据工程所用建筑材料中 500 km 范围内生产的建筑材料的重量以及建筑材料总重量，要求两者比值不小于 60%。

计算公式：500 km 以内生产的建筑材料重量÷建筑材料总重量×100%

《细则》5.4.4 现浇混凝土采用预拌混凝土。

现浇混凝土应全部采用预拌混凝土。

《细则》5.4.5 建筑结构材料合理采用高性能混凝土、高强度钢。

本条指 6 层及以上的建筑。钢筋混凝土主体结构使用 HRB400 级（或以上）钢筋作为主筋占主筋总量的 70%以上；6 层以上的建筑，混凝土承重结构中采用强度等级在 C50（或以上）混凝土用量占承重结构中混凝土总量的比例超过 70%；高耐久性的高性能混凝土（以具有资质的第三方检验机构出具的、有耐久性合格指标的混凝土检验报告单为依据）用量占混凝土总量的比例超过 50%。

《细则》5.4.6 将建筑施工、旧建筑拆除和场地清理时产生的固体废弃物分类处理，并将其中可再利用材料、可再循环材料回收和再利用。

施工单位应制订专项建筑施工废物管理计划，采取拆毁、废品折价处理和回收利用等措施（包括废物统计，提供废物回收、折价处理和再利用的费用等内容）。固费分类处理，并且可再利用、可循环材料的回收利用率比例不低于 30%。

计算公式：可再利用、可循环材料回收再利用重量÷可再利用、可循环材料回收总重量×100%

《细则》5.4.7 在建筑设计选材时考虑使用材料的可再循环使用性能。在保证安全和不污染环境的情况下，可再循环材料使用重量占所用建筑材料总重量的 10% 以上。

在建筑设计选材时考虑使用材料的可再循环使用性能。在保证安全和不污染环境的情况下，可再循环材料使用重量占所用建筑材料总重量不低于 10%。

计算公式：可循环材料使用重量÷所用建筑材料总重量×100%

《细则》5.4.8 土建与装修工程一体化设计施工，不破坏和拆除已有的建筑构件及设施，避免重复装修。

土建与装修工程应一体化设计施工。

《细则》5.4.9 办公、商场类建筑室内采用灵活隔断，减少重新装修时的材料浪费和垃圾产生。

办公、商场类建筑应在保证室内工作、商业环境不受影响的前提下，较多采用灵活隔断，以减少空间重新布置时重复装修对建筑构件的破坏，节约材料。

《细则》5.4.10 在保证性能的前提下，使用以废弃物为原料生产的建筑材料，其用量占同类建筑材料的比例不低于 30%。

在保证性能及安全性和健康环保的前提下，使用以废弃物为原料生产的建筑材料，废弃物掺量大于 20%。至少使用一种以废弃物生产的建筑材料的重量占同类建筑材料的总重量比例不低于 30%。

计算公式：使用以废弃物生产的建筑材料的重量÷同类建筑材料的总重量×100%

（3）优选项

《细则》5.4.11 采用资源消耗和环境影响小的建筑结构体系。

采用资源消耗低和环境影响小的建筑结构体系（如钢结构、砌体结构、木结构等），并提供文件说明对结构体系进行了优化。

《细则》5.4.12 可再利用建筑材料的使用率大于 5%。

可再利用材料包括从旧建筑拆除的材料以及从其他场所回收的旧建筑材料，包括砌块、砖石、管道、板材、木地板、木制品（门窗）、钢材、钢筋、部分装饰材料等。可再利用建筑材料的使用率不低于 5%。

计算公式：使用可再利用材料的重量÷工程建筑材料的总重量×100%

3. 室内环境质量

（1）控制项

《细则》5.5.2 建筑围护结构内部和表面无结露、发霉现象。

为防止建筑围护结构内部和表面结露，应采取合理的保温、隔热措施，减少围护结构热桥部位的传热损失，防止外墙和外窗等外围护结构内表面温度过低，使送入室内的新风具有消除室内湿负荷的能力，或配有除湿机。为防止辐射型空调末端如辐射吊顶产生结露，需密切注意水温的控制，使送入室内的新风具有消除室内湿负荷的能力，或者配有除湿机。

《细则》5.5.4 室内游离甲醛、苯、氨、氡和 TVOC 等空气污染物浓度符合现行国家标准《民用建筑工程室内环境污染控制规范》（GB 50325—2010）中的有关规定。

室内空气污染物浓度应满足《民用建筑工程室内环境污染控制规范》（GB 50325—2010）的规定。

（2）一般项

《细则》5.5.9 宾馆类建筑围护结构构件隔声性能满足现行国家标准《民用建筑隔声设计规范》（GB 50118—2010）中的一级要求。

宾馆类建筑的围护结构分类主要包括，客房与客房间隔墙、客房与走廊间隔墙（包括门）、客房外墙（包含窗），以及客房层间楼板、客房与各种有振动的房间之间的楼板。

（3）优选项

《细则》5.5.13 采用可调节外遮阳，改善室内热环境。

采用可调节外遮阳措施时需要考虑与建筑的一体化，并综合比较遮阳效果、自然采光和视觉影响等因素。外遮阳系统能根据太阳方位角和高度角进行自动调节，并同时采用增强自然采光等措施。

《细则》5.5.14 设置室内空气质量监控系统，保证健康舒适的室内环境。

建筑内设置室内空气污染物浓度监测、报警和控制系统，预防和控制室内空气污染，保护人体健康。

在主要功能房间，利用传感器对室内主要位置的二氧化碳和空气污染物浓度进行数据采集，将所采集的有关信息传输至计算机或监控平台，进行数据存储、分析和统计，二氧化碳和污染物浓度超标时能实现实时报警；检测进、排风设备的工作状态，并与室内空气污染监控系统关联，实现自动通风调节。

《细则》5.5.15 采用合理措施改善室内或地下空间的自然采光效果。

为改善室内和地下空间的自然采光效果，可以采用反光板、棱镜玻璃窗等简单措施，还可以采用导光管、光纤等先进的自然采光技术将室外的自然光引入室内，改善室内照明质量和自然光利用效果，75%的室内空间采光系数＞2%，应有防眩光措施。

第四章　绿色建筑施工内容

第一节　绿色施工的理念

一、绿色施工的概念

绿色施工是指在工程建设中，通过施工组织、材料采购、在保证质量、安全等基本要求的前提下，通过科学管理和技术进步，最大限度地节约资源、减少对环境负面影响的施工活动，强调从施工到竣工验收全过程的"四节一环保"的绿色建筑核心理念。

绿色施工在实现"绿色建筑"过程中的作用，见图4-1。

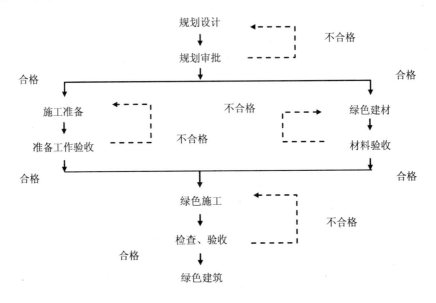

图 4-1　绿色施工在实现"绿色建筑"过程中的作用

施工活动，是建筑产品生产过程中的重要环节。传统的施工，以追求工期为主要目标，把节约资源和保护环境放在次要位置。为了适应当代建筑的持续发展，以资源高效利用和环境保护优先，一定会成为施工技术发展的必然趋势。

绿色施工不等同于绿色建筑，绿色建筑包含绿色施工。

绿色施工与文明施工的关系是：绿色施工是在新时期建筑可持续发展的新理念，其核心是"四节一环保"。绿色施工高于文明施工，严于文明施工。

文明施工在我国施工企业的实施，有很长的历史，中心是"文明"，也含有环境保护的理念。文明施工是指保持施工场地整洁、卫生，施工程序合理的一种施工活动。文明施工的基本要素是：有整套的施工组织设计（或施工方案），有严格的成品保护措施，临时设施布置合理，各种材料、构件、半成品堆放整齐有序，施工场地平整，道路畅通，排水设施得当，机具设备状况良好等。施工作业符合消防和安全要求。

二、绿色施工的主要内容

绿色施工是一个系统工程，而且是全开放的。《绿色施工导则》把其称为总体框架，见图 4-2。

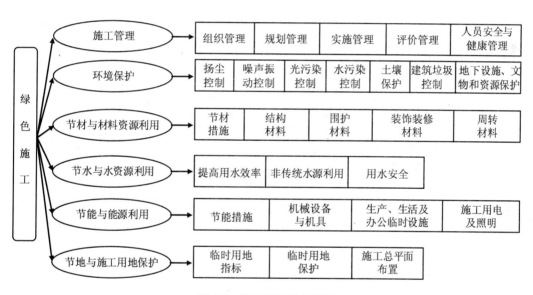

图 4-2　绿色施工总体框架

1. 绿色施工管理

绿色施工管理主要包括组织管理、规划管理、实施管理、评价管理和人员安全与健康管理五个方面。

（1）组织管理

1）建立绿色施工管理体系，并制定相应的管理制度与目标。

2）项目经理为绿色施工第一责任人，负责绿色施工的组织实施及目标实现，并指定绿色施工管理人员和监督人员。

（2）规划管理

1）编制绿色施工方案。该方案应在施工组织设计中独立成章，并按有关规定进行审批。

2）绿色施工方案应包括以下内容：

① 环境保护措施，制定环境管理计划及应急救援预案，采取有效措施，降低环境负荷，保护地下设施和文物等资源；

② 节材措施，在保证工程安全与质量的前提下，制定节材措施。如进行施工方案的节材优化，建筑垃圾减量化，尽量利用可循环材料等；

③ 节水措施，根据工程所在地的水资源状况，制定节水措施；

④ 节能措施，进行施工节能策划，确定目标，制定节能措施；

⑤ 节地与施工用地保护措施，制定临时用地指标、施工总平面布置规划及临时用地节地措施等。

（3）实施管理

1）绿色施工应对整个施工过程实施动态管理，加强对施工策划、施工准备、材料采购、现场施工、工程验收等各阶段的管理和监督。

2）应结合工程项目的特点，有针对性地对绿色施工作相应的宣传，通过宣传营造绿色施工的氛围。

3）定期对职工进行绿色施工知识培训，增强职工绿色施工意识。

.（4）评价管理

1）对照相关的指标体系，结合工程特点，对绿色施工的效果及采用的新技术、新设备、新材料与新工艺，进行自评估。

2）成立专家评估小组，对绿色施工方案、实施过程至项目竣工，进行综合评估。

（5）人员安全与健康管理

1）制订施工防尘、防毒、防辐射等职业危害的措施，保障施工人员的长期职业健康。

2）合理布置施工场地，保护生活及办公区不受施工活动的有害影响。施工现场建立卫生急救、保健防疫制度，在安全事故和疾病疫情出现时提供及时救助。

3）提供卫生、健康的工作与生活环境，加强对施工人员的住宿、膳食、饮用水等生活与环境卫生等管理，明显改善施工人员的生活条件。

2. 环境保护

工程施工对环境的破坏很大。大气环境污染的主要源之一是大气中的总悬浮颗粒，粒径小于 10 μm 的颗粒可以被人类吸入肺部，对健康十分有害。悬浮颗粒包括道路尘、土壤尘、建筑材料尘等。施工土方作业阶段、结构安装阶段、装饰装修阶段作业区，目测扬尘高度，国家都明确提出了量化指标；如要求土方作业区目测扬尘高度小于 1.5 m；结构施工、安装装饰装修作业区目测扬尘高度小于 0.5 m。对噪声与振动控制、光污染控制、水污染控制、土壤保护、建筑垃圾控制、地下设施、文物和资源保护等也提出了定性或定量要求。

（1）扬尘控制

扬尘，是一种非常复杂的混合源灰尘，是空气中最主要的污染物之一。美国环境保护局在发布的报告中指出，空气污染物中扬尘占 92%，其中 28% 来自裸露面，23% 来自建筑工地。扬尘已成为我国大多数城镇的主要空气污染物。建筑施工中扬尘的主要来源于土方工程、施工中的垃圾、裸露的堆积材料等。扬尘的防治：

1）运送土方、垃圾、设备及建筑材料等，不污损场外道路。运输容易散落、飞扬、流漏的物料的车辆，必须采取措施封闭严密，保证车辆清洁。施工现场出口应设置洗车槽。

2）土方作业阶段，采取洒水、覆盖等措施，达到作业区目测扬尘高度小于 1.5 m，不扩散到场区外。

3）结构施工、安装装饰装修阶段，作业区目测扬尘高度小于 0.5 m，对易产生扬尘的堆放材料应采取覆盖措施；对粉末状材料应封闭存放；场区内可能引起扬尘的材料及建筑垃圾搬运应有降尘措施，如覆盖、洒水等；浇筑混凝土前清理灰尘和垃圾时尽量使用吸尘器，避免使用吹风器等易产生扬尘的设备；机械剔凿作业时可用局部遮挡、掩盖、水淋等防护措施；高层或多层建筑清理垃圾应搭设封闭性临时专用道或采用容器吊运。

4）施工现场非作业区达到目测无扬尘的要求。对现场易飞扬物质采取有效措施，如洒水、地面硬化、围挡、密网覆盖、封闭等，防止扬尘产生。

5）构筑物机械拆除前，做好扬尘控制计划。可采取清理积尘、拆除体洒水、设置隔挡等措施。

6）构筑物爆破拆除前，做好扬尘控制计划。可采用清理积尘、淋湿地面、预湿墙体、屋面敷水袋、楼面蓄水、建筑外设高压喷雾状水系统、搭设防尘排栅和直升机投水弹等综合降尘。选择风力小的天气进行爆破作业。

7）在场界四周隔挡高度位置测得的大气总悬浮颗粒物（TSP）月平均浓度与城市背景值的差值不大于 0.08 mg/m³。

（2）噪声与振动控制

建筑施工噪声是指影响周围环境的声音，对居民的工作和生活会产生影响，对人体的影响是多方面的，是一种感觉性公害，具有分布广、波动大的特点。

建筑施工的振动源主要来自打桩机、凿岩机、风铲、电钻、电锯、车辆等运输工具。

振动的传递途径：同时传递到整个人体表面或其他部分外表面；振动通过支撑表面传递整个人体上，例如通过站着的人的脚，坐着的人的臀部或斜躺着的人的支撑面。这种情况通常称为全身振动；振动作用于人体的某些个别部位，如头或四肢。这种加在人体的某些个别部位，并且只传递到人体某个局部的振动（一般区别于全身振动），称为局部振动。还有一种情况，虽然振动没有直接作用于人体，但人却能通过视觉、听觉等感受到振动，也会对人造成影响。这种虽不直接作用于人，但却能影响到人的振动称为间接振动。

影响振动作用的因素是振动频率、加速度和振幅。人体只对 1～1 000Hz 振动产生振动感觉。频率在发病过程中起重要作用。30～300Hz 会引起末梢血管痉挛，发生白指。频率相同时，加速度越大，其危害亦越大。振幅大，频率低的振动主要作用于前庭器官，并可使内脏产生移位。频率一定时，振幅越大，对机体影响越大。人对振动的敏感程度与身体所处位置有关。人体立位时对垂直振动敏感；卧位时对水平振动敏感。

振动对居民造成的影响主要为干扰居民的睡眠、休息、读书和看电视等日常活动。若居民长期生活在振动干扰的环境里，会造成身体健康的危害。

噪声与振动的防治：

1）现场噪声排放不得超过《建筑施工场界环境噪声排放标准》（GB 12523—2011）的规定。

2）在施工场界对噪声进行实时监测与控制。监测方法执行《建筑施工场界环境噪声排放标准》（GB 12523—2011）。

3）使用低噪声、低振动的机具，采取隔声与隔振措施，避免或减少施工噪声和振动。

（3）光污染控制

光污染是指由人工光源导致的违背人生理与心理需求或有损于生理与心理健康的现象。包括眩光污染、射线污染、光泛滥、频闪等。光污染可分为白亮污染、人工白昼、彩光污染等类型。有关专家指出，这一污染源有可能成为 21 世纪直接影响人类身体健康的又一环境杀手。建筑施工造成的光污染，主要来自电焊弧光和夜间施工照明。

光污染防治：

1）尽量避免或减少施工过程中的光污染。夜间室外照明灯加设灯罩，透光方向集中在施工范围。

2）电焊作业采取遮挡措施，避免电焊弧光外泄。

（4）水污染控制

水污染，是指水体因某种物质的介入，而导致其化学、物理、生物或者放射性等方面特性的改变，从而影响水的有效利用，危害人体健康或者破坏生态环境，造成水质恶化的现象。水污染主要是由于人类排放的各种外源性物质（包括自然界中原先没有的），进入水体后，超出了水体本身自净作用所能承受的范围，就算是水污染了。水污染源：主要是由人类活动产生的污染物造成，它包括工业污染源、农业污染源和生活污染源三大部分。

工程施工期间造成的水污染，主要是雨水冲刷因施工造成的裸面尘土，增加水中悬浮物，污染地表水。水污染防治：

1）施工现场污水排放应达到《污水综合排放标准》（GB 8978—2002）的要求。

2）在施工现场应针对不同的污水，设置相应的处理设施，如沉淀池、隔油池、化粪池等。

3）污水排放应委托有资质的单位进行废水水质检测，提供相应的污水检测报告。

4）保护地下水环境。采用隔水性能好的边坡支护技术。在缺水地区或地下水位持续下降的地区，基坑降水尽可能少地抽取地下水；当基坑开挖抽水量大于 50 万 m^3 时，应进行地下水回灌，并避免地下水被污染。

5）对于化学品等有毒材料、油料的储存地，应有严格的隔水层设计，做好渗漏液收集和处理。

（5）土壤保护

土壤是一个非常复杂的系统，组成的要素一般是指地球陆地表面，包括浅水区的具有肥力、能生长植物的疏松层，由矿物质、有机质、水分和空气等组成，是不可再生的资源。工程施工期间，保护土壤的主要措施：

1）保护地表环境，防止土壤侵蚀、流失。因施工造成的裸土，及时覆盖砂石或种植速生草种，以减少土壤侵蚀；因施工造成容易发生地表径流土壤流失的情况，应采取设置地表排水系统、稳定斜坡、植被覆盖等措施，减少土壤流失。

2）沉淀池、隔油池、化粪池等不发生堵塞、渗漏、溢出等现象。及时清掏各类池内沉淀物，并委托有资质的单位清运。

3）对于有毒有害废弃物如电池、墨盒、油漆、涂料等应回收后交有资质的单位处理，不能作为建筑垃圾外运，避免污染土壤和地下水。

4）施工后应恢复施工活动破坏的植被（一般指临时占地内）。与当地园林、环保部门或当地植物研究机构进行合作，在先前开发地区种植当地或其他合适的植物，以恢复剩余空地地貌或科学绿化，补救施工活动中人为破坏植被和地貌造成的土壤侵蚀。

（6）建筑垃圾控制

工程施工中，会产生大量的建筑垃圾，据统计每 1 万 m^2 产生的垃圾为 500～600 t，建筑垃圾大部分被露天堆放或填埋处理。按我国的现有在建工程面积计算，最少产生 20 亿 t 建筑垃圾，不仅污染环境还占有土地资源。控制建筑垃圾的主要措施：

1）制定建筑垃圾减量化计划，如住宅建筑，每万平方米的建筑垃圾不宜超过 400 t。

2）加强建筑垃圾的回收再利用，力争建筑垃圾的再利用和回收率达到 30%，建筑物拆除产生的废弃物的再利用和回收率大于 40%。对于碎石类、土石方类建筑垃圾，可采用地基填埋、铺路等方式提高再利用率，力争再利用率大于 50%。

3）施工现场生活区设置封闭式垃圾容器，施工场地生活垃圾实行袋装化，及时清运。对建筑垃圾进行分类，并收集到现场封闭式垃圾站，集中运出。

（7）地下设施、文物和资源保护

地下设施主要是指地下空间（人防、地下室等）、地下交通设施、地下管线、地下构筑物等。文物是我国的宝贵的文化遗产。其共同特征：隐蔽不可见性。地下设施、文物和资源保护的主要措施：

1）施工前应调查清楚地下各种设施，做好保护计划，保证施工场地周边的各类管道、管线、建筑物、构筑物的安全运行。

2）施工过程中一旦发现文物，立即停止施工，保护现场并通报文物部门并协助做好工作。

3）避让、保护施工场区及周边的古树名木。

4）逐步开展统计分析施工项目的 CO_2 排放量，以及各种不同植被和树种的 CO_2 固定量的工作。

3．节材与材料资源利用

（1）节材措施

1）图纸会审时，应审核节材与材料资源利用的相关内容，达到材料损耗率比定额损耗率降低 30%。

2）根据施工进度、库存情况等合理安排材料的采购、进场时间和批次，减少库存。

3）现场材料堆放有序。储存环境适宜，措施得当。保管制度健全，责任落实。

4）材料运输工具适宜，装卸方法得当，防止损坏和遗撒。根据现场平面布置情况就近卸载，避免和减少二次搬运。

5）采取技术和管理措施提高模板、脚手架等的周转次数。

6）优化安装工程的预留、预埋、管线路径等方案。

7）应就地取材，施工现场 500 km 以内生产的建筑材料用量占建筑材料总重量的 70% 以上。

（2）结构材料

1）推广使用预拌混凝土和预拌砂浆。准确计算采购数量、供应频率、施工速度等，在施工过程中动态控制。结构工程使用散装水泥。

2）推广使用高强钢筋和高性能混凝土，减少资源消耗。

3）推广钢筋专业化加工和配送。

4）优化钢筋配料和钢构件下料方案。钢筋及钢结构制作前应对下料单及样品进行复核，无误后方可批量下料。

5）优化钢结构制作和安装方法。大型钢结构宜采用工厂制作，现场拼装；宜采用分段吊装、整体提升、滑移、顶升等安装方法，减少方案的措施用材量。

6）采取数字化技术，对大体积混凝土、大跨度结构等专项施工方案进行优化。

（3）围护材料

1）门窗、屋面、外墙等围护结构选用耐候性及耐久性良好的材料，施工确保密封性、防水性和保温隔热性。

2）门窗采用密封性、保温隔热性能、隔声性能良好的型材和玻璃等材料。

3）屋面材料、外墙材料具有良好的防水性能和保温隔热性能。

4）当屋面或墙体等部位采用基层加设保温隔热系统的方式施工时，应选择高效节能、耐久性好的保温隔热材料，以减小保温隔热层的厚度及材料用量。

5）屋面或墙体等部位的保温隔热系统采用专用的配套材料，以加强各层次之间的粘结或连接强度，确保系统的安全性和耐久性。

6）根据建筑物的实际特点，优选屋面或外墙的保温隔热材料系统和施工方式，例如保温板粘贴、保温板干挂、聚氨酯硬泡喷涂、保温浆料涂抹等，以保证保温隔热效果，并减少材料浪费。

7）加强保温隔热系统与围护结构的节点处理，尽量降低热桥效应。针对建筑物的不同部位保温隔热特点，选用不同的保温隔热材料及系统，以做到经济适用。

（4）装饰装修材料

1）贴面类材料在施工前，应进行总体排版策划，减少非整块材的数量。

2）采用非木质的新材料或人造板材代替木质板材。

3）防水卷材、壁纸、油漆及各类涂料基层必须符合要求，避免起皮、脱落。各类油漆及黏结剂应随用随开启，不用时及时封闭。

4）幕墙及各类预留预埋应与结构施工同步。

5）木制品及木装饰用料、玻璃等各类板材等宜在工厂采购或定制。

6）采用自粘类片材，减少现场液态黏结剂的使用量。

（5）周转材料

1）应选用耐用、维护与拆卸方便的周转材料和机具。

2）优先选用制作、安装、拆除一体化的专业队伍进行模板工程施工。

3）模板应以节约自然资源为原则，推广使用定型钢模、钢框竹模、竹胶板。

4）施工前应对模板工程的方案进行优化。多层、高层建筑使用可重复利用的模板体系，模板支撑宜采用工具式支撑。

5）优化高层建筑的外脚手架方案，采用整体提升、分段悬挑等方案。

6）推广采用外墙保温板替代混凝土施工模板的技术。

7）现场办公和生活用房采用周转式活动房。现场围挡应最大限度地利用已有围墙，或采用装配式可重复使用围挡封闭。力争工地临房、临时围挡材料的可重复使用率达到70%。

4．节水与水资源利用的技术要点

（1）提高用水效率

1）施工中采用先进的节水施工工艺。

2）施工现场喷洒路面、绿化浇灌不宜使用市政自来水。现场搅拌用水、养护用水应采取有效的节水措施，严禁无措施浇水养护混凝土。

3）施工现场供水管网应根据用水量设计布置，管径合理、管路简捷，采取有效措施减少管网和用水器具的漏损。

4）现场机具、设备、车辆冲洗用水必须设立循环用水装置。施工现场办公区、生活区的生活用水采用节水系统和节水器具，提高节水器具配置比率。项目临时用水应使用节水型产品，安装计量装置，采取针对性的节水措施。

5）施工现场建立可再利用水的收集处理系统，使水资源得到梯级循环利用。

6）施工现场分别对生活用水与工程用水确定用水定额指标，并分别计量管理。

7）大型工程的不同单项工程、不同标段、不同分包生活区，凡具备条件的应分别计量用水量。在签订不同标段分包或劳务合同时，将节水定额指标纳入合同条款，进行计量考核。

8）对混凝土搅拌站点等用水集中的区域和工艺点进行专项计量考核。施工现场建立雨水、中水或可再利用水的搜集利用系统。

（2）非传统水资源利用

1）优先采用中水搅拌、中水养护，有条件的地区和工程应收集雨水养护。

2）处于基坑降水阶段的工地，宜优先采用地下水作为混凝土搅拌用水、养护用水、冲洗用水和部分生活用水。

3）现场机具、设备、车辆冲洗、喷洒路面、绿化浇灌等用水，优先采用非传统水源，尽量不使用市政自来水。

4）大型施工现场，尤其是雨量充沛地区的大型施工现场建立雨水收集利用系统，充分收集自然降水用于施工和生活中适宜的部位。

5）力争施工中非传统水源和循环水的再利用量大于30%。

（3）用水安全

在非传统水源和现场循环再利用水的使用过程中，应制定有效的水质检测与卫生保障措施，确保避免对人体健康、工程质量以及周围环境产生不良影响。

5．节能与能源利用

（1）节能措施

1）制订合理施工能耗指标，提高施工能源利用率。

2）优先使用国家、行业推荐的节能、高效、环保的施工设备和机具，如选用变频技术的节能施工设备等。

3）施工现场分别设定生产、生活、办公和施工设备的用电控制指标，定期进行计量、核算、对比分析，并有预防与纠正措施。

4）在施工组织设计中，合理安排施工顺序、工作面，以减少作业区域的机具数量，相邻作业区充分利用共有的机具资源。安排施工工艺时，应优先考虑耗用电能或其他能耗较少的施工工艺。避免设备额定功率远大于使用功率或超负荷使用设备的现象。

5）根据当地气候和自然资源条件，充分利用太阳能、地热等可再生能源。

（2）机械设备与机具

1）建立施工机械设备管理制度，开展用电、用油计量，完善设备档案，及时做好维修保养工作，使机械设备保持低耗、高效的状态。

2）选择功率与负载相匹配的施工机械设备，避免大功率施工机械设备低负载长时间运行。机电安装可采用节电型机械设备，如逆变式电焊机和能耗低、效率高的手持电动工具等，以利节电。机械设备宜使用节能型油料添加剂，在可能的情况下，考虑回收利用，节约油量。

3）合理安排工序，提高各种机械的使用率和满载率，降低各种设备的单位耗能。

（3）生产、生活及办公临时设施

1）利用场地自然条件，合理设计生产、生活及办公临时设施的体形、朝向、间距和窗墙面积比，使其获得良好的日照、通风和采光。南方地区可根据需要在其外墙窗设遮阳设施。

2）临时设施宜采用节能材料，墙体、屋面使用隔热性能好的材料，减少夏天空调、冬天取暖设备的使用时间及耗能量。

3）合理配置采暖、空调、风扇数量，规定使用时间，实行分段分时使用，节约用电。

（4）施工用电及照明

1）临时用电优先选用节能电线和节能灯具，临电线路合理设计、布置，临电设备宜采用自动控制装置。采用声控、光控等节能照明灯具。

2）照明设计以满足最低照度为原则，照度不应超过最低照度的 20%。

6. 节地与施工用地保护的技术要点

（1）临时用地指标

临时用地，主要包括工程施工期间，临时建的生产和生活用房，施工便道占地等，不改变土地的用途和土地的属权。

1）根据施工规模及现场条件等因素合理确定临时设施，如临时加工厂、现场作业棚及材料堆场、办公生活设施等的占地指标。临时设施的占地面积应按用地指标所需的最低面积设计。

2）要求平面布置合理、紧凑，在满足环境、职业健康与安全及文明施工要求的前提下尽可能减少废弃地和死角，临时设施占地面积有效利用率大于 90%。

（2）临时用地保护

1）应对深基坑施工方案进行优化，减少土方开挖和回填量，最大限度地减少对土地的扰动，保护周边自然生态环境。

2）红线外临时占地应尽量使用荒地、废地，少占用农田和耕地。工程完工后，及时对红线外占地恢复原地形、地貌，使施工活动对周边环境的影响降至最低。

3）利用和保护施工用地范围内原有绿色植被。对于施工周期较长的现场，可按建筑永久绿化的要求，安排场地新建绿化。

（3）施工总平面布置

1）施工总平面布置应做到科学、合理，充分利用原有建筑物、构筑物、道路、管线为施工服务。

2）施工现场搅拌站、仓库、加工厂、作业棚、材料堆场等布置应尽量靠近已有交通线路或即将修建的正式或临时交通线路，缩短运输距离。

3）临时办公和生活用房应采用经济、美观、占地面积小、对周边地貌环境影响较小，且适合于施工平面布置动态调整的多层轻钢活动板房、钢骨架水泥活动板房等标准化装配式结构。生活区与生产区应分开布置，并设置标准的分隔设施。

4）施工现场围墙可采用连续封闭的轻钢结构预制装配式活动围挡，减少建筑垃圾，保护土地。

5）施工现场道路按照永久道路和临时道路相结合的原则布置。施工现场内形成环形通路，减少道路占用土地。

6）临时设施布置应注意远近结合（本期工程与下期工程），努力减少和避免大量临时建筑拆迁和场地搬迁。

第二节　绿色施工方案点评

案例一　××地块工程绿色施工专项方案

点评：编制绿色施工专项方案，重点突出绿色施工。

一、工程概况

广州市××地块项目位于广州市白云区金沙洲，地块东侧为彩滨北路，西侧是山前大道、里横路、浔峰山路，南侧和北侧是规划路。

根据广州市城乡建设委员会"关于印发《关于 2010 年广州亚运会残运会期间严格控制建设工地施工作业管理的通知》的通知"中相关规定，我公司承建的"××地块项目"符合文件中二类控制区的条件，可申请亚运期间相关作业内容的施工。为确保本工程在亚运期间按建委相关要求施工，最大限度地保护环境和减少污染，特编制本方案。

点评：特定的时期，突出最大限度地保护环境。

工程建筑设计概况

序号	项目		内　容
1	建筑功能		地上部分为住宅楼及其配套用房，地下部分为机动车库、自行车库、设备用房
2	建筑面积	总建筑面积	1、2、3、4、5#楼 179 844.52 m²
		地下建筑面积	37 011.28 m²
		地上建筑面积	142 833.24 m²
3	层数		地上 39 层，地下 2 层
4	建筑高度		117.75 m
5	耐火等级		地上一级，地下一级
6	建筑防水		地下工程和屋面均为二级
7	层高	地下	地下一层 3.8 m，地下二层 2.8 m
		地上	2、3、4#楼为 2.95 m，1、5#楼为 3.1 m

主要建筑功能概况表

序号	建筑部位	层数	主要建筑功能
1	地下室	地下2层	停车场、机电房、自行车库、人防等
2	商铺	负一层	迎街面商铺等
3	住宅	地上39层	高档住宅楼

工程结构概况

序号	项目		内容	
1	安全等级		二级	
2	抗震等级		抗震设防类别为丙类,抗震设防烈度为7度	
3	土质		多为黏质粉土和砂质粉土,局部为淤泥质土等	
4	水位		−9.5～−7.0 m	
5	基础设计等级		甲级	
6	地下室混凝土强度等级	柱、墙	C35;塔楼部位C50	
		梁、板	负一层C35;顶板C35P6	
		底板	C35P6	
	塔楼混凝土强度等级		3、4#楼	5#楼
		柱、墙	1～3层:C50 4～9层:C45 10～14层:C40 15～29层:C35 30～顶层:C30	1～5层:C50 6～11层:C45 12～17层:C40 18～23层:C35 24～顶层:C30
		梁、板	1～30层:C30 31～顶层:C25	1～23层:C30 24～顶层:C25
7	钢筋型号		HPB235(Ⅰ级)、HRB335(Ⅱ级)、HRB400(Ⅲ级)	
8	钢材型号		Q235、Q345	
9	结构断面尺寸	基础底板厚度(mm)	600	
		柱断面尺寸(mm)	600×700、600×600、700×700、600×1 500、800×1 400等	
		梁断面尺寸(mm)	负一层300×700、400×1 200,局部400×1 300、500×1 200 顶板框架300×700,局部500×1 000、500×1 500 塔楼3#、4#、5#楼200×600、300×600、400×800	
		剪力墙厚	200、250、300、400等	
		楼板厚度(mm)	120、130、180、200、300等	

二、现场施工环境

1. 交通条件

1)地块项目工程东侧为彩滨北路,西侧是山前大道、里横路、浔峰山路,南侧和北侧是规划路。

2）周边交通运输便利，但需考虑到市区道路拥挤、交通管制等情况。

3）材料运输线路要求。

亚运期间白天彩滨路不得用作材料运输线路，白天 6:00～22:00 材料从里横路和浔峰山路运输；夜间 22:00～6:00 方可在彩滨路运输；所有出场的土方运输车辆必须经过冲洗。

点评： 突出扬尘控制，但没有说明附近有否噪声敏感区。

2．供水情况

水接头位于场地东北侧彩滨北路，临时供水接驳点直径 300 mm。

3．供电情况

亚运期间，可能建设单位尚不能提供正式用电，整个施工工地用电由一台 500 kW 发电机提供。

4．排污情况

排污口位于彩滨路，共设两个 ϕ750 下水井；施工主入口设汽车冲洗池一个，以及一个三级沉淀池，所有施工污水经沉淀后排入市政下水管网。

5．地下管线情况

场地东侧的彩滨北路地下管线有电信、电力、燃气、雨水、污水、给水等，施工时应注意管线保护。

三、编制依据

1）《关于 2010 年广州亚运会残运会期间严格控制建设工地施工作业管理的通知》的通知 穗建质[2010]1188 号；

2）《关于印发 2010 年广州亚运会残运会期间控制建设工地扬尘和噪声措施通知》穗府[2009]43 号；

3）《广州市建设工程现场文明施工管理办法》穗建筑[1999]175 号；

4）《广州市建筑工程文明施工检查评分表》穗建筑[1999]285 号；

5）《广州市安全文明施工样板工地评选办法》穗建筑[2003]90 号；

6）《广东省安全生产文明施工优良样板工地评选办法》粤建管字[2000]44 号；

7）《民用建筑工程室内环境污染控制规范（2006 年版）》（GB 50325—2001）；

8）《室内装饰装修材料有害物质限量 10 项强制性国家标准》；

9）《绿色建筑评价标准》（GB/T 50378—2006）；

10）《绿色施工导则》（建质[2007]223 号）；

11）《绿色建筑评价标识实施细则（试行修订稿）》、《绿色建筑评价技术细则（试行）》；

12）《建设工程安全管理条例》（国务院令 第 393 号）；

13）《中华人民共和国环境保护法》；

14）本工程总承包工程招标文件、投标书、施工合同及相关附件；

15）本工程施工组织设计、本工程安全文明施工组织设计；

16）企业获得的 ISO 14001 认证标准和企业环境管理体系程序文件。

点评： 编制的依据明确。

四、亚运期间施工内容、绿色施工要求

1. 亚运期间施工作业内容

1）主体结构钢筋、模板、混凝土作业，水电安装预埋作业；

2）砌体施工、二次结构作业、水电预埋管；

3）样板间内外墙体抹灰；

4）商铺、样板间铝合金门窗安装；

5）商铺外墙立面装修（花岗岩挂贴）；

6）地下室顶室外园林施工、地下室外围室外综合管线施工；

7）样板房精装修（土建、水电安装）。

2. 绿色施工要求

1）施工中污染防治。要求防止水土流失，控制施工噪声、强光、废烟废气、污废水等，减少施工过程对环境的破坏。

2）建筑废弃物管理。按要求制定并实施废弃物管理计划，该计划中明确结构和回收材料的机会、采用的回收方法、合法的可回收物品运输和加工单位，还应该有针对性地提到减少材料使用的问题、材料的重复使用，避免浪费。

3）再生材料运用。含有可回收成分材料的使用，回收材料成分要求达到 30% 以上，使用范围达到总建筑面积的 50%。

4）施工过程和入住前室内空气质量管理，要求在施工过程中实施室内空气质量管理，材料使用环保材料。

点评： ① 没有提及扬尘控制。② 使用范围达到总建筑面积的 50%，有不实之嫌。

五、绿色施工目标

1. 总则

积极响应广州市"创办绿色亚运"的口号，以绿色施工为宗旨，在本工程施工过程中，最大限度地保护环境和减少污染，防止扰民，节约资源（节能、节地、节水、节材），为亚运盛会提供环保、健康、舒适的环境。

在本工程施工中，在确保工期的前提下，贯彻以环保优先为原则、以资源的高效利用为核心的指导思想，追求环保、高效、低耗，统筹兼顾，实现环保（生态）、经济、社会综合效益最大化的绿色施工模式。

2. 绿色施工目标

绿色施工目标

序号	环境目标	环境目标阐述
1	噪声	噪声排放达标，符合国家相关规定
2	粉尘	控制粉尘及气体排放，不超过法律、法规的限定数值
3	固体废弃物	减少固体废弃物的产生，合理回收可利用建筑垃圾
4	污水	生产及生活污水排放达标，符合《污水综合排放标准》规定
5	资源	控制水电、纸张、材料等资源消耗，施工垃圾分类处理，尽量回收利用
6	六个100%	施工现场100%标准化围蔽；工地砂土100%覆盖；工地路面100%硬地化，拆除工程100%洒水降尘；出工地车辆100%冲净车轮车身；暂不开发的场地100%绿化

点评： 六个100%，定量化，具体。

六、管理组织机构及职责

绿色施工不仅仅体现在亚运期间，它还涉及施工的全过程，与各参建单位紧密相关，包括建设单位、监理单位、设计单位、总承包商、各分包商、供商、生产厂家、检测机构等，为加强对亚运期间绿色施工的组织协调，在本工程管理组织机构基础上，成立亚运期间绿色施工领导小组，进行亚运期间施工的组织管理工作。

点评： 突出施工单位在绿色施工中组织管理工作的重要作用。

1. 岗位职责

（1）领导小组组长岗位职责

组长为本项目施工过程认证管理第一责任人，负责制定认证管理各项目标，审批认证实施方案，建立认证管理组织机构，主持领导小组例会或各类专题会，配合项目认证其他相关方工作（设计、业主、认证策划部门、认证咨询公司）。

（2）领导小组副组长

协助组长开展工作，受组长委托主持领导小组例会或各类专题会，协调各分包及相关方认证管理工作。

（3）领导小组组员

负责本单位施工管理工作，按经小组批准的管理方案实施。

（4）办公室主任

负责绿色施工管理日常工作，组织编制建设过程绿色施工实施方案，按方案要求组织实施。

（5）总包项目管理部

负责督促分包单位执行绿色施工实施方案、提供相关资料。

（6）工程部

负责绿色施工方案的实施，组织对工人进行绿色施工方面的培训，在技术、安全交底中明确绿色施工要求，在施工过程中严格按方案要求实行，并按要求保留相关记录。

（7）物资部

在材料、设备采购合同中，明确绿色施工相关要求（包括技术、质量要求和资料要求）；对分包单位的采购提出相关要求；在材料、设备进场时按绿色施工要求验收，保留相关记录。

（8）安全部

监督施工过程按绿色施工实行环境保护、污染防治、垃圾处理等，保留相关图片和音像资料。

（9）合约部

拟定、审查分包合同、采购合同，明确绿色施工要求（包括技术、质量要求和资料要求）。

（10）试验员

熟悉绿色施工对相关材料（黏结剂、密封材料、油漆、底胶、涂层、复合木材、纤维制品）及室内空气质量标准，按绿色施工要求编制检测计划、提供相关检测报告。

（11）资料员

负责绿色施工资料的收集、整理、存档。

（12）劳务分包商、专业分包商

对工人进行相关培训，按交底要求执行绿色施工相关要求。

认证小组成员每个月召开一次工作会议，各单位汇报工作的进展情况，对 GREEN MARK 工作中的不足展开讨论，制定下个月的工作重点。各专业分包每个月将各施工范围内的资料收集汇总上报总包单位。

点评：项目经理为绿色施工第一责任人，负责建立工程项目的绿色管理体系，组织编制施工方案，并组织实施。

七、施工过程污染防治方案

1. 施工过程污染防治目标

1）防止水土流失，保护表层土堆储备以便再利用。

2）防止雨水排放或冲击使受体造成沉积。

3）防止扬尘和颗粒物造成大气污染。

点评：施工过程中，应重点控制扬尘和噪声。

2. 土壤保护控制

对施工现场和生活区不同的区域 100%硬化，道路采用 150 厚 C20 混凝土，其他加工场地采用 50 厚 C25 混凝土；不能硬化的地方种植草皮或覆盖等，以保证现场没有裸露的地表土防止水土流失。

在基坑四周等适当位置设置排水沟及相应的滤网和沉淀池来沉积雨水中的泥土，定时清理防止流失。

沉淀池、隔油池、化粪池等不发生堵塞、渗漏、溢出等现象。及时清掏各类池内沉淀物，并委托有资质的单位清运。

对于有毒有害废弃物如电池、墨盒、油漆、涂料等回收后交有资质的单位处理，不能作为建筑垃圾外运，避免污染土壤和地下水。

施工后恢复施工活动破坏的植被（一般指临时占地内）。与当地园林、环保部门或当地植物研究机构进行合作，在先前开发地区种植当地或其他合适的植物，以恢复剩余空地地貌或科学绿化，补救施工活动中人为破坏植被和地貌造成的土壤侵蚀。

点评：针对性不强，有照搬《绿色建筑技术导则》之嫌。

3. 大气污染物控制

大气污染物分为扬尘和废气。

（1）扬尘控制措施

1）现场场地扬尘控制

大门口设置洗车池，车辆出入现场保证 100%清洗。钢筋加工棚、木工棚、材料存放地面、道路等均采用混凝土土硬化，并做到每天清扫，经常洒水降尘。

施工现场道路必须 100%硬化，坚实、平坦、清洁、畅通，凡能进入大型运输车辆的工地，在出入口处设置冲洗车辆的设备及相应排水设施，使退出工地的车辆不带泥土。运土方、渣土车辆有专人用苫布密封，100%覆盖，以防止遗撒。

建筑垃圾清除必须采用容器吊运，严禁用电梯井或在楼层上向地面抛撒施工垃圾。现场垃圾要分拣分放，及时清运，并洒水降尘。清运建筑垃圾要办理准运手续。

施工现场混凝土浇筑，必须使用预拌混凝土，禁止现场搅拌混凝土。确因各种原因必须在现场搅拌的，必须在搅拌设备上安装除尘装置，散装水泥罐做围挡，防止粉尘飞扬。

2）材料堆放、储运引起的扬尘控制方法

① 对粉尘性松散材料，在转运过程中 100%覆盖，作业人员戴防尘口罩，搬运时禁止野蛮作业，造成粉尘污染。

② 对砂、灰料堆场，按施工总平面布置堆放在规定的场所，按气候环境变化采取加盖措施，防止风引起扬尘。

③ 水泥和其他易飞扬的颗粒物、粉状物在库内保存或严密遮盖，运输和卸运时要防止遗撒、飞扬。

3）对作业活动的扬尘控制方法

① 工人清理建筑垃圾时，首先必须将较大部分装袋，然后洒水，防止扬尘，清扫人员戴防尘口罩。施工现场建筑垃圾设专门的垃圾存放棚内，以免产生扬尘，同时根据垃圾数量随时清运出施工现场，运垃圾的专用车每次装完后，用苫布盖好，避免途中遗撒和运输过程中造成扬尘。

② 在涂料施工基层打磨过程中，作业人员一定要在封闭的环境作业佩戴防尘口罩，

即打磨一间、封闭一间，防止粉尘蔓延。

③ 拆除过程中，要做到拆除下来的东西不能乱抛乱扔，统一由一个出口转运，采取溜槽和袋装转运，防止拆除下来的物件撞击引起扬尘。

④ 对于车辆运输的地方易引起扬尘的场地，首先设限速区，然后派专人在施工道路上定时洒水清扫。

⑤ 5 级风以上不得进行土方施工，砂、灰料的筛分，在大风的气候条件下不得作业。回填工程时运土车辆在出大门口外，马路上铺设草垫，用于扫清轮胎上外带土块。现场车辆行驶的过程中进行洒水压尘。每天收车后，派专人清扫马路，并适量洒水压尘，达到环卫要求。

点评：重点控制施工扬尘。

4）废气控制

① 工地的茶炉、火灶，必须使用电、液化石油气等清洁燃料，不准随意焚烧产生有毒气体的物品。

② 禁止焚烧沥青、油毡以及其他产生有毒有害烟尘和恶臭气体。严禁用废油棉纱作引燃品，禁止烧刨花、木材余料等。

③ 凡使用柴油、汽油的机动机械（车辆），必须使用无铅汽油和优质柴油做燃料，以减少对大气污染。

5）噪声控制

施工现场的噪声控制执行《建筑施工场界噪声限值》（GB 12523—90）规定的噪声限值，并按《建筑施工场界噪声测量方法》（GB 12524—90）进行声级测量。

点评：《建筑施工场界噪声限值》（GB 12523—90）和《建筑施工场界噪声测量方法》（GB 12524—90）已作废，《建筑施工场界环境噪声排放标准》（GB 12523—2011）为新标准。

① 机械设备的噪声控制

● 进行土方施工作业的各种挖掘、运输设备，保持机械完好，在施工前按照机械设备维修保养制度，做好维修保养，在施工中发现故障及时排除，不得带病作业。所有土方运输车辆进入现场后禁止鸣笛，以减少噪声。

● 现场租用的塔吊、施工电梯、混凝土输送泵等大型机械设备进场前进行状况检查验收，对塔吊、施工电梯必须取得地方行政部门颁发的"使用许可证"，才可投入使用，在使用中，操作人员对有可能发出噪声的部位进行清理、润滑、保养，控制噪声的发生。

● 设备在使用前要检查鉴定，使用进行中要督促开展正常的维修保养，必要时对设备采取专项噪声控制措施，如对混凝土输送泵等设备设置隔声防护棚，转动装置防护罩，尽量采用环保型机械设备等。

● 对有可能发生尖锐噪声的小型电动工具，如冲击钻、手持电锯等，严格控制使用时间，控制使用的频次的设备数量，在夜间休息时减少或不进行作业。

② 施工作业噪声控制

● 工程项目在开工之前，项目部向广州市城管部门申办噪声监测委托手续。

● 严格控制施工作业中的噪声，对机械设备安拆、脚手架搭拆、模板安拆、钢筋制作绑扎、混凝土浇捣等，按降低和控制噪声发生的程度，尽可能将以上工作安排在昼间进行。

● 在脚手架或各种金属防护棚搭拆中，要求钢管或钢架的搭设要近搭拆程序，特别在拆除工作中，不允许从高空抛丢拆下的钢管、扣件或构件。

● 在结构施工中，控制模板搬运、装配、拆除声及钢筋制作绑扎过程中的撞击声，要求按施工作业噪声控制措施进行作业，不允许随意敲击模板的钢筋，特别是高处拆除的模板不得撬落自由落下，或从高处向下抛落。

● 在混凝土振捣中，按施工作业程序施工，控制振捣器撞击模板钢筋发出的尖锐噪声，在必要时，采用环保振捣器。

● 上下电梯严禁呼叫，严禁敲打钢管，必须安装呼叫电铃。

● 在清理料斗及车辆时，采用铲、刮，严禁随意敲打制造噪声。

③ 在运输作业中的噪声控制

● 在现场材料及设备运输作业中，控制运输工具发出的噪声的材料、设备搬运、堆放作业中的噪声，对于进入场内的运输工具，要求发出的声响符合噪声排放要求。

● 在材料如钢管、钢筋、金属构配件、钢模板等材料的卸除，采用机械吊运或人工搬运方式，注意避免剧烈碰撞、撞击等产生噪声。

● 在易发出声响的材料堆放作业时，采取轻取轻放，不得从高处抛丢，以免发出较大声响。

6）光污染控制

① 夜间照明灯设灯罩，透光方向集中在施工区域。

② 电焊作业采取遮挡措施，避免电弧光外泄。

③ 钢筋加工场地，搭设防护棚。

7）水污染控制

施工现场污水排放达到《污水综合排放标准》（GB 8978—1996）的要求。

废水分为工程废水和生活污水。工程废水主要包括混凝土养护、混凝土泵、砂浆搅拌机清洗、砌砖工程中的浸砖、进出车辆的清洗、湿作业（抹灰、水磨石等作业）。

生活污水主要有食堂用水、浴室用水、洗涮用水、厕所用水。

① 工程废水的控制

● 项目经理部负责编制施工现场废水排放方案，（方案在施工组织设计中体现）包括：排水沟或排水管道的平面布置图，选定排水管径，明确沉淀池、洗车台做法。

● 现场施工针对不同的污水，设置沉淀池、隔油池、化粪池，生产污水必须经三级沉淀后再排出。

● 污水排放委托有资质单位进行废水水质检测，提供相应的污水检测报告。

● 保护好地下水。地下室基坑周边采用三轴搅拌桩止水帷幕，将周边地下水与基坑内地下水隔离，施工期间仅处理基坑内的地下水，避免造成周边地下水位的变化和污染。

● 施工现场设置供、排水设施，施工场地不得积水，输水管道不得跑、冒、滴、漏。施工中产生的泥浆，进行沉淀处理，未经沉淀处理的，不得直接排入市政排水设施，不得有泥浆、废水、污水外流，不得妨碍周围环境。

● 混凝土养护尽量采用蓄水养护，防止废水横流产生污染。混凝土量较小的工程，混凝土养护可采用浸湿麻袋片覆盖，尽量减少喷洒现象，以免造成废水污染。

● 混凝土泵、砂浆搅拌机按平面图布置，并对场地做硬化处理，设排水沟和沉淀池，废水经沉淀流入排水管道。

● 砌砖工程中的浸砖在经硬化的固定场所，并做到有组织地排放。

● 进出车辆的清洗在洗车台有组织排水，经沉淀循环使用清掏后流入市政管网。

② 生活污水的控制

● 食堂刷锅水经隔油池作油水分离后排入管网，浮油用专用容器存放。

● 浴室用水经过滤流入管网。

● 厕所设化粪池，设冲水装置并定期冲刷，不允许将污水直接排入城市地下水网。

● 生活区设洗刷专用水管水池，不得随处洗刷。

● 生活用水、水池规范化，不允许乱开水龙头。

点评：用词欠规范，表意欠清晰。

③ 管理机构及其职责

总包项目部在安全管理部设置环保专职管理人员，组织检查监督各单位实施情况。总包项目部进行定期检查，同时根据现场实施情况安排专项检查，各分包单位进行配合检查和解决问题。

点评：应放在组织机构相关内容里。

8）施工废弃物管理

降低材料消耗，减少废弃物产生；对施工废弃物则进行分类管理，根据施工废弃物的种类制定相应的控制措施。施工过程对回收的废料按要求进行统计。

① 固体废弃物的分类

● 无毒无害有利用价值的废弃物

废旧钢材、木材、有色金属；材料设备包装盒、桶、袋；废旧电气材料、机械金属配件；废旧建筑砖瓦、门窗等材料；废旧办公用品；废旧装饰材料；废旧安装材料等。

● 无毒无害无利用价值的废料

废弃建筑垃圾；废弃碎砖、碎石、生活垃圾。

● 有毒有害类

废旧日光灯管、电池；废弃圆珠笔芯、计算器；废弃复写纸、胶片、色带；废弃墨盒、硒鼓；废弃橡胶、塑料制品；废弃有毒有害化学包装物；废弃油污桶、化学添加剂袋。

② 固体废弃物的收集、存放

● 施工现场在施工作业前，分门别类地设置固体废弃物堆放场地或容器，施工现场的生活垃圾实行袋装化，对有可能因雨水淋湿造成污染的，搭设防雨设施。

● 现场堆放的固体废弃物标识名称、有无毒害、可否回收等，并按标识分类堆放。

● 有毒有害类的废弃物不与无毒无害的废弃物混放。

● 固体废弃物按平面布置规划位置堆放整齐，与现场文明施工要求相适应。

● 固体废弃物收集由工程部在工作安排时予以明确，并由安全管理部安排专人负责日常管理。

● 各分包单位的固体废弃物按要求分类运至堆放场所堆放。

③ 固体废弃物的处理

● 固体废弃物的处理由管理负责人根据固体废弃物存放量的多少以及存放场所的情况安排处理。

● 由项目经理审核废弃物管理负责人提出的处理报告，由项目材料部门和废弃物管理小组共同处理废弃物。

● 固体废弃物根据分类进行处理，不得混堆处理，定点集中堆放，杜绝乱扔现象，及时将垃圾运到指定的地点。

● 对于无毒无害有利用价值的废弃物，如在其他工程项目可再次利用的，可调其他项目再次利用，对于不能再次利用的，向有经营许可证的废品回收部回收。

● 对于无毒无害无利用价值的固体废弃物，委托环卫垃圾清运单位清运处理。

● 对于有毒有害的固体废弃物的处理，无论是否有利用价值，均为有危害物经营许可证的单位处理。

● 由于施工场地限制，对污染地面必须清扫和冲洗，保持路面的整洁。

● 加强宿舍区的管理，明确责任，杜绝乱扔、乱泼、乱接的现象，对违反的及时处理。建立健全必要的规章制度，加强环境的保护意识，严格奖罚制度，加强现场管理。

● 禁止在施工现场露天熔化沥青或焚烧油毡、油漆以及其他有毒有害气体的物质。

④ 废水废油的控制

● 废水控制

沿场地四周及基坑四周设置排水明沟，大门口设洗车池，在混凝土输送泵、门口设沉淀池，食堂设置隔油分离处理池，厕所设置化粪池等；基坑积水、雨水、养护水、排水沟的水经沉淀后排入市政管网；生活污水经化粪池处理，油污水经隔油分离池处理，对施工作业产生的污水，专人冲洗后排入排水沟，经沉淀、隔油分离处理等符合排放标准后，排入市政管网。

● 废油控制

食堂设垃圾桶，油污不能直接倒入排水明沟，放置在垃圾桶内，定期由专人回收；混凝土输送泵等机械设备用油严格遵守操作规程，设置专用废油隔离回收池进行回收；在其他施工用油中，注意避免遗洒，若有渗漏现象，采取隔离措施并回收；与废油处理公司签定协议，定期对废油进行回收处理。

八、节材与材料资源利用

1．节材措施

1）根据施工进度、库存情况等合理安排材料的采购、进场时间和批次，减少库存。

2）现场材料堆放有序，储存环境适宜、整齐、美观，措施得当、建立健全保管制度、责任落实。

3）选用合适的材料运输工具、装卸方法，防止损坏和遗撒。根据现场平面布置情况就近卸载，避免和减少二次搬运。

4）采取技术和管理措施提高模板、脚手架等的周转次数。

5）优化安装工程的预留、预埋、管线路径等方案。

6）就地取材，施工现场 500 km 以内生产的建筑材料用量占建筑材料总重量的 70%以上。

7）本工程混凝土全部采用商品混凝土。

2．结构材料

1）使用预拌混凝土和预拌砂浆。准确计算采购数量、供应频率、施工速度等，在施工过程中动态控制。

2）推广使用高强钢筋和高性能混凝土，减少资源消耗。

3）钢筋采用现场加工和场外加工相结合的方式。

4）优化钢筋配料和钢构件下料方案。钢筋及钢结构制作前对下料单及样品进行复核，无误后方可批量下料。

5）优化幕墙钢结构制作和安装方法。采用工厂制作，现场拼装；采用分段吊装、整体提升、滑移、顶升等安装方法，减少方案的措施用材量。

3．围护材料

积极地与业主设计沟通，门窗、屋面、外墙等围护结构的材料性能及施工方式。

优化屋面和外墙的保温隔热材料的施工方式，例如保温板粘贴、保温板干挂、保温浆料涂抹等，减少材料浪费。

加强保温隔热系统与围护结构的节点处理，尽量避免热桥效应，做到经济适用。

4．装饰装修材料

1）贴面类材料在施工前，进行总体排版策划，减少非整块材的数量。

2）与业主、设计进行沟通，优先采用非木质的新材料或人造板材代替木质板材。

3）防水卷材、壁纸、油漆及各类涂料基层必须符合要求，避免起皮、脱落。各类油漆及黏结剂随用随开启，不用时及时封闭。

4）幕墙及各类预留预埋与结构施工同步。

5）木制品及木装饰用料、玻璃等各类板材等宜在工厂采购或定制。

6）尽量采用自粘类片材，减少现场液态黏结剂的使用量。

5．周转材料

1）优先选用耐用、维护与拆卸方便的周转材料和机具。

2）优先选用制作、安装、拆除一体化的专业队伍进行模板工程施工。

3）对模板工程的方案进行优化，使用可重复利用的模板体系。

4）外脚手架方案采用整体提升脚手架方案。

5）现场办公和生活用房采用周转式活动房，现场围挡采用装配式可重复使用围挡封闭，力争工地临时用房、临时围挡材料的可重复使用率达到70%以上。

九、节水与水资源利用

1．提高用水效率

1）绘制施工现场用水布置图，明确水源控制部位。

2）施工现场喷洒路面、绿化浇灌尽量少地使用市政自来水。现场搅拌用水、养护用水专人负责，禁止水龙头无人管理。

3）施工现场供水管网根据用水量设计布置施工用水和消防用水，减少管网和用水器具的漏损。

4）现场机具、设备、车辆冲洗用水必须设立循环水池。施工现场办公区、生活区、施工的生活用水采用节水系统和节水器具（洗手间便池冲洗水箱采用手动控制或者感应控制，尽量不采用定时高位水箱、洗车池设置沉淀池及循环池，排水沟设置沉淀蓄水池，保证现场用水循环使用），安装计量装置。

5）对施工现场用水量较多的部位或过程（如混凝土养护、砂浆的搅拌、消防水源的贮备、抹灰及其他湿作业等）进行重点控制，可行时采取新工艺、新材料等，提高水资源的利用率。

6）加强员工素质教育，提高员工节水意识。

7）浴室用水定时供给，浴室内禁止洗衣服。

8）加强检查监督，避免跑、冒、滴、漏和常流水现象。

2．用水安全

在非传统水源和现场循环再利用水的使用过程中，进行水质检测，确保避免对人体健康、工程质量以及周围环境产生不良影响。

十、节能与能源利用

1．节能措施

优先使用国家、行业推荐的节能、高效、环保的施工设备和机具，如选用变频技术的节能施工设备等。

在施工组织设计中，合理安排施工顺序、工作面，以减少作业区域的机具数量，相邻作业区充分利用共有的机具资源。安排施工工艺时，优先考虑耗用电能的或其他能耗较少的施工工艺。避免设备额定功率远大于使用功率或超负荷使用设备的现象。

2．机械设备与机具

1）建立施工机械设备管理制度，开展用电、用油计量，完善设备档案，及时做好维修保养工作，使机械设备保持低耗、高效的状态。

2）选择功率与负载相匹配的施工机械设备，避免大功率施工机械设备低负载长时间运行。机电安装可采用节电型机械设备，如逆变式电焊机和能耗低、效率高的手持电动工具等，以利节电。

3）合理安排工序，提高各种机械的使用率和满载率，降低各种设备的单位耗能。

3．生产、生活及办公临时设施

1）利用场地自然条件，合理设计生产、生活及办公临时设施的体形、朝向、间距和窗墙面积比，使其获得良好的日照、通风和采光。

2）临时用房墙体、屋面使用隔热性能好的材料，减少夏天空调、冬天取暖设备的使用时间及耗能量。

3）加强节电宣传，施工区用电采用自动定时和手动相结合的方式，加强现场巡视，禁止无作业区域长明灯。

4）空调温度不宜过高或过低。

5）办公区无人时，关闭电脑、打印机、照明灯、空调等。办公室减少纸张浪费，纸张可采用双面使用。

6）宿舍内严禁私拉电线，杜绝长明灯现象。

7）宿舍内严禁使用大功率的电器（如电炉子等）。

4．施工用电及照明

1）临时用电优先选用节能电线和节能灯具，临电线路合理设计、布置，临电设备宜采用自动控制装置。

2）照明设计以满足最低照度为原则。

十一、地下设施、文物及资源保护

调查清楚地下各种设施，进行基坑周边的各类管线的位移监测，编制应急预案。

在工程开工前对施工现场周围管线保护方案（方案在施工组织设计中体现），如在跨越管线的临时道路上方实施硬化或采用钢板保护等。

在基坑开挖前委托有资质的监测单位，编制监测方案，在管线上或周围布置监测点，在开挖过程中进行监测。

基坑本身及其周围基坑开挖深度2倍范围内的重要管线作为本工程的重点监测对象。

施工现场一旦发现文物，立即停止施工，保护好现场并通报文物部门并做好协助工作。

十二、集中用地管理

建设工程临时用地包括施工区、加工区、办公区、生活区等。本工程临时用地根据广州市城乡建设委员会的"集中居住、封闭管理"的原则进行布置。

1. 集中用地指标

1）根据施工规模及现场条件等因素合理确定临时设施，如临时加工厂、现场作业棚及材料堆场、办公生活设施等的占地指标。临时设施的占地面积按用地指标所需的最低面积设计。

2）现场平面布置合理、紧凑，在满足环境、职业健康与安全及文明施工要求的前提下尽可能减少废弃地和死角，临时设施占地面积有效利用率大于90%。

2. 用地保护

1）对深基坑施工方案进行优化，减少土方开挖和回填量，最大限度地减少对土地的扰动，保护周边自然生态环境。

2）红线外临时占地尽量使用荒地、废地，少占用农田和耕地。工程完工后，及时对红线外占地恢复原地形、地貌，使施工活动对周边环境的影响降至最低。

3. 施工总平面布置

1）施工总平面布置做到科学、合理，充分利用原有建筑物、构筑物、道路、管线为施工服务。

2）施工现场搅拌站、仓库、加工厂、作业棚、材料堆场等布置尽量靠近已有交通线路或即将修建的正式或临时交通线路，缩短运输距离。

3）临时办公和生活用房采用经济、美观、占地面积小、对周边地貌环境影响较小，且适合于施工平面布置动态调整的多层轻钢活动板房标准化装配式结构。生活区与生产区分开布置，设置标准的分隔设施。

4）施工现场围墙可采用连续封闭的轻钢结构预制装配式活动围挡，减少建筑垃圾，保护土地。

5）临时设施布置注意远近结合（本期工程与下期工程），努力减少和避免大量临时建筑拆迁和场地搬迁。

点评：有重复之嫌，可以安排在"节地"章节中。

十三、室内空气质量管理

1. 施工过程室内空气质量管理目标

施工过程中达到或超过国家规定的建筑施工中室内空气质量要求，保护现场储存或安装的吸潮材料不因受潮而损坏。

点评：语义欠明确。

2．施工过程室内空气质量控制措施

（1）空调系统施工及维护

1）按顺序安排施工，防止易吸收性材料，如保温材料等受到污染。要求各种机电材料严格按照施工进度计划进场，尽量避免现场存放大量的机电材料而导致机电材料的二次污染。保温材料在入场后，经验收合格后需要存放在现场的清洁、干燥环境，用苫布或彩条布等可靠覆盖，保温材料的包装须严密，避免与大气直接接触吸湿。必要时，可以把设备的过滤段等容易吸附水分和污物的部分暂时拆除后密封单独保管，待设备正式使用前再进行安装。

2）各种通风管道在安装前，必须用棉纱进行内壁的擦拭，以去除管道内壁的灰尘和油污，以干净的白毛巾擦拭内壁无明显污染为合格标准，在通风管道内壁可靠除尘、除油污合格后方可进行下一步的安装工作。此外，在进行安装前，必须对本部位的环境卫生进行处理，避免干净的风管因为周围环境而受到二次污染。

3）空调通风各种管道在安装过程中，各种敞口部位必须用塑料布和胶带严密封闭，避免灰尘等污染物进入到管道内部，在具备调试条件的基础上才能将该部分封堵进行拆除。在施工下一段风管时，拆除前一段风管的封堵，待安装完毕后，对两端敞口的部位再次进行封堵。

4）设备在吊装过程中尽量保留原包装，如果原包装无法达到密封的条件空调机组、VAV、VRV 设备在安装完成后用地毯等材料盖住设备。保护空调设备免受灰尘，气味的袭击，在施工过程中不能使用空调设备作为施工的保障措施。

5）安装的空调系统，避免在施工中使用，防止污染。现场如存在临时采暖的必要，必须敷设安装单独的系统。如果在满足部分用户的使用要求下系统开启，在回水上安装临时的过滤器，且过滤介质的 MERV 为 8。

6）定期检查回水管和空气处理设备是否有漏洞，如存在问题需书面、照片存档，及时修复。

7）不能把设备室当存储室使用。各种设备机房在安装设备前达到封闭条件，如不具备正式门安装的条件，可加临时门和锁以施工许可单的形式办理施工手续，并且交班前须由专门的成品保护成员签字认可后方可交接。

8）所有空调设备在正式竣工验收前更换全部过滤介质，对施工结束时安装的滤层规定滤层的 MERV 最低值必须达到。

3．低挥发性材料使用

根据绿色施工策略，黏结剂、密封材料和底胶、建筑内墙面和天花板的涂料、涂层及基层 VOC 含量、用于室内铁质物的防腐防锈涂料 VOC 含量、净木罩面层（地板、楼梯等）VOC 含量不得超过《室内装饰装修材料有害物质限量 10 项强制性国家标准》的划定；招标和施工前明确材料的测试和认证要求，选用的产品必须经过绿色标识计划认证（或者经过有相关资质的实验室测试）。复合木材和纤维制品中不得含有多余甲醛。对于以上材料不论是自行采购，还是分包单位采购，均须从经甲方认可的合格产品厂家清单中选择，并按要求提供相应的材质证明和相关材料检测报告，相关要求在三方合同及施工方案明确。

4．污染物的控制

1）从材料厂商的选型上进行把关，尽量使用毒性小的、无毒、防辐射的物质材料。各种材料的选用标准必须满足绿色施工的各种材料使用要求。

2）隔离或者通风排出室内的毒害物质。在施工期间凡存在制挥发性有毒气体的房间，应该及时进行通风换气，可采用开启外窗、安装临时风机等手段保证施工的室内空气质量。为保证地下室部分的空气质量，增设临时通风系统，在地下室每层靠近送、排风竖井的位置就近各设置补风、排风风机进行机械通风，换气次数按照 1～2 次/h 考虑。

3）现场定期消毒来控制污染物。

5．施工计划安排方面措施

在施工计划安排力面，对于高污染的施工作业活动，尽量安排在周末或夜晚进行，保证有足够的时间来稀释室内空气污染。安排足够的时间进行入住前的清洗或室内空气质量检测。在施工完成后对污染的空调系统过滤介质进行更换。

十四、施工过程资料管理

在施工中，配合业主完善相关计划和方案，并保证施工过程中严格控制和实施，及时收集整理相关资料，确保施工过程达到绿色施工要求。根据绿色施工评估及得分策略，建造过程中施工单位需提供的资料如下：

1）防止水土流失的方案，防止水土流失、防止环境污染的措施及相关照片。

2）施工废弃物回收和处理的进行统计计算，填埋或回收等相关证明文件。

3）再生材料跟踪台账（供应商、产地、价格、数量、使用部位等），含再生材的材料价值占总的材料价值的比例达 10%相关计算，以及再生成分、循环成分含量的厂家证明文件。

4）本地材料跟踪台账（产品名称、制造商、产地、供应商与施工现场距离等），本地材料用量的相关计算及使用记录等文件。

5）施工室内空气质量管理方案、与施工空气质量管理方面相关的图片、列表说明空调系过滤煤质及 MERV 值和其他管理措施。

6）入住前室内空气质量检测报告。

7）黏结剂、密封剂、涂料、涂层、油漆 VOC 含量的检测报告，证明其可挥发性成分含量满足绿色施工的相关要求。

十五、意外事故应急预案

1．模板支撑架倒塌事故的应急救援

（1）模板及支架倒塌事故的主要危害

模板及支架倒塌事故主要造成：人员伤害、财产损失、作业环境破坏。

点评：内容无意义。

（2）应急救援方法

1）有关人员的安排

组长、副组长接到通知后马上到现场全程指挥救援工作，立即组织、调动救援的人力、物力赶赴现场展开救援工作，并立即向公司救援领导负责人汇报事故情况及需要公司支援的人力、物力。组员立即进行抢救。

2）人员救援、疏散方法

由于在浇筑混凝土过程中造成的坍塌情况，首先要明确伤员的具体位置、伤员的受伤情况及受伤人数，立即组织切实可行的机械设备进行救援（如动用塔吊将坍塌位置的钢筋网吊起；使用钢筋切割机或焊机将钢筋割断），避免钢筋夹着伤员，如果伤员被混凝土浆包着，应立即进行人手清理，先进行眼、口、鼻的清理，保持气道的通畅，再救人。

由于拆除模板时造成的坍塌情况，立即查明受伤的人员数量，同时进行相邻危险区域的支护加固，以确保救援人员的安全，迅速将坍塌下来的材料用人手逐一清除，禁止用机械搬运材料，以免二次伤害伤员。

人员的疏散由组长安排的组员进行具体指挥，指挥人员疏散到安全地方，并做好安全警戒工作。各组员和现场其他的各人员对现场受伤害、受困的人员、财物进行抢救。人员被支架或其他物件压住时，先对支架进行观察，如需局部加固的，立即组织人员进行加固后，方可进行相应的抢救，防止抢险过程中再次倒塌，造成进一步的伤害。加固或观察后，确认没有进一步的危险，立即组织人力、物力进行抢救。

3）伤员救护

① 休克、昏迷的伤员救援。让休克者平卧，不用枕头，腿部抬高 $30°$。若属于心源性休克同时伴有心力衰竭、气急，不能平卧，可采用半卧。注意保暖和安静，尽量不要搬动，如必须要搬动时，动作要轻。采用吸氧和保持呼吸道畅通或实行人工呼吸。

② 受伤出血，用止血带止血、加压包扎止血。

③ 立即拨打 120 急救电话或送医院。

4）现场保护

在坍塌事故中伤员被救出后，必须对该范围设置危险区域警示标志，由具体的组员带领警卫人员在事故现场设置警戒区域，用三色纺织布或挂有彩条的绳子圈围起来，由警卫人员旁站监护，防止闲人进入。并设专人监护，保护事故现场，待事故调查小组及上级有关部门进行现场勘察鉴定同意解封后，才能进行恢复施工，并应密切进行对相邻模板的检测。

5）现场恢复

充分辨识恢复过程中存在的危险，当安全隐患彻底清楚后，方可恢复正常工作状态。

2．火灾事故救援措施

发生火灾事故时，现场救援专业人员立即用干粉灭火器灭火，并报告项目部领导指挥人员立即到现场指挥，组织非应急人员疏散。在火势扩大蔓延时，立即寻求第三方救助，拨打 119，并组织抢救财产和保护现场。

3. 触电事故救援措施

发生触电情况采取的应急措施：发现有人触电时，应立即切断电源或用干木棍、竹竿等绝缘物把电线从触电者身上移开，使伤员尽早脱离电源。对神志清醒者，应让其在通风处休息一会儿，观察病情变化。对已失去知觉者，仰卧地上，解开衣服等，使呼吸不受阻碍，对心跳呼吸停止的触电者，应立即进行人工呼吸和胸外心脏按压等措施进行抢救。

4. 坠落事故救援措施

发生坠落情况采取的应急措施：一旦发现有坠落的伤员，首先不要惊慌失措，要注意检查伤员意识反应、瞳孔大小及呼吸、脉搏等，尽快掌握致命伤部位，同时及时与 120 或附近医院取得联系，争取急救人员尽快赶来现场。对疑有脊柱炎和骨盆骨折的伤员，这时千万不要去轻易搬运，以免加重伤情。在对伤员急救时，要取出伤员身上的安装机具和口袋中的硬物。对有颌面损伤的伤员，应及时取掉伤的义齿和凝血块，清除口腔中的分泌物，保持呼吸道的畅通，将伤员的头面向一侧，同时松解伤员的衣领扣，对疑有颅底骨折或脑脊液外漏的伤员，切忌填塞，以防止颅内感染而危及生命，对于大血管损伤的伤员，这时应立即采取止血的方法：使用止血带、指压或加包扎的方法止血。

5. 物体打击事故救援措施

发生物体打击事故，应采取以下措施：

1）应马上组织抢救伤者脱离危险现场，以免再发生损伤。

2）在移动伤员时，应保持头、颈、胸在一直线上，不能任意旋曲。若伴颈椎骨折，更应避免头颈的摆动，可用"颈托"围住颈部，以防引起颈部血管神经及脊髓的附加损伤。观察伤者的受伤情况、部位、伤害性质。

3）如伤员有出血，应立即止血。遇呼吸、心跳停止者，应立即进行人工呼吸，胸外心脏按压、胸部伤的胸骨、肋骨骨折、四肢的骨折也要包扎固定。

4）若处于休克状态的要让其安静、保暖、平卧、少动，并将下肢抬高约 20°，尽快送医院进行抢救治疗。

5）如果出现颅脑损伤，必须维持呼吸道通畅。昏迷者应平卧，面部转向一侧，以防舌根下坠或分泌物、呕吐物吸入，发生喉阻塞。遇有凹陷骨折、严重的颅底骨折及严重的脑损伤症状出现，创伤处用消毒的纱布或清洁布等覆盖伤口，用绷带或布条包扎后，及时送就近有条件的医院治疗。

6）同时要防止伤口污染，在现场，相对清洁的伤口，可用浸有过氧化氢的敷料包扎。污染较重的伤口，可简单清除伤口表面异物，剪除伤口周围的毛发。但切勿拔出创口内的毛发及异物、凝血块或碎骨片等，再用浸有过氧化氢或抗生素的敷料覆盖包扎创口。

6. 机械伤害事故救援措施

当发生机械伤害事故时，应立即切断动力电源，首先抢救伤员，根据伤员的伤害情况，采取相应的急救办法：

1）如遇有创伤性出血的伤员，应迅速包扎止血，使伤员保持在头低脚高的卧位，并注意保暖。当手前臂、小腿以下位置出血，应选用橡胶带或布带或止血纱布等进行绑扎止血。

2）伤员遇呼吸、心跳停止者，应立即进行人工呼吸，胸外心脏按压。处于休克状态的伤员可用拇指压人中、内关、足三里等，以提升血压稳定病情，让其安静、保暖、平卧、少动，并将下肢抬高约 20°，尽快送医院进行抢救治疗。

3）出现颅脑损伤，必须保持呼吸道畅通。昏迷者应平卧，面部转向一侧，以防舌根下坠或分泌物淤血、呕吐物吸入，发生喉阻塞。如有异物可用手指从口角一边插入摸至另一边将异物钩出。遇有凹陷骨折及严重的脑损伤症状出现，创伤处用消毒的纱布或清洁布等覆盖伤口，用绷带或布条包扎后，及时送邻近的医院治疗。

4）发现脊椎受伤者，创伤处用消毒的纱布或清洁布等覆盖伤口，用绷带或布条包扎。移动时，将伤者平卧放在帆布担架或硬板上，以免受伤的脊椎移位、断裂造成截瘫，导致死亡。抢救脊椎受伤者，移动过程中，严禁只抬伤者的两肩与两腿或单肩背运。

5）发现伤者手足骨折，不要盲目移动伤者。应在骨折部位用夹板把受伤位置临时固定，使断端不再移位或刺伤肌肉、神经或血管。固定方法：以固定骨折处上下关节为原则，可就地取材，用木板、竹板等，在无材料的情况下，上肢可固定在身侧，下肢与提侧下肢缚在一起。

6）如机械对人体的切割伤。当手指被切离身体时，一定要保护好断端和伤员一起送到医院进行医疗。

7）动用最快的交通工具或其他措施，及时把伤者送往邻近医院抢救，运送途中应尽量减少颠簸。同时密切注意伤者的呼吸、脉搏、血压及伤口的情况。

案例二 ××住宅楼绿色施工方案

第一章 编制说明及编制依据
第一节 编制说明

《×××住宅楼绿色施工方案》是根据招投标文件、施工合同以及设计施工图纸，结合本工程施工组织设计和现场实际条件，并在充分理解的基础上进行编制的。本施工方案作为工程绿色环境管理的依据，编制时对施工部署、主要技术方案及措施、工程质量及施工安全保证体系、工程项目组织管理机构情况、施工现场平面布置、施工总进度计划控制等诸多因素进行充分考虑，突出其可行性、科学性。

本施工方案是我项目部为创建优质、高速、安全、文明、低耗等绿色施工，全面实现施工合同和设计图纸提出的各项要求而作出的慎重承诺，是做到绿色施工相关要求的指导性文件。

点评：说明了编制目的和编制绿色施工方案的重要性。

第二节 编制依据

《中华人民共和国环境保护法》

《中华人民共和国环境影响评价法》

《中华人民共和国大气污染防治法》

《中华人民共和国水污染防治法》

《中华人民共和国环境噪声污染防治法》

《中华人民共和国固体废物污染防治法》

《建设项目 环境保护管理条例》

《建筑施工场界噪声限值》(GB 12523—90)

《建筑施工场界噪声测量方法》(GB 12524—90)

《建筑节能工程施工质量验收规范》(GB 54011—2007)

点评：上列都是与建设工程施工现场环境保护有关的法律制度。《建筑施工场界噪声限值》(GB 12523—90)和《建筑施工场界噪声测量方法》(GB 12524—90)已废止，新标准是《建筑施工场界环境噪声排放标准》(GB 12523—2011)。

编制的依据缺少《绿色建筑评价标准》等相关的规程规范。

第二章 绿色施工管理

绿色施工是指工程建设中，在保证质量、安全等基本要求的前提下，通过科学管理和技术进步，最大限度地节约资源与减少对环境负面影响的施工活动，实现"四节一环保"(节能、节地、节水、节材和环境保护)。绿色施工管理主要包括组织管理、规划管理、实施管理、评价管理和人员安全与健康管理五个方面。

点评：绿色施工的要领：最大限度地节约资源与减少对环境负面影响。

第一节 组织管理

工程概况

1	建筑面积/m²		总建筑面积	36 024.43	占 地 面 积	12.39 hm²
2	层数		6F	3F	2F	2F/1D
3	层高/m	地下一层	—	—	—	3
		首层	3.1	3.2	3.2	3.5
		标准层	3.1	3.2	—	—
		顶层	3.1	3.35	3.5	3.5
4	结构形式	基础类型		条基、独基、桩基		
		结构类型		剪力墙		
		外墙厚度		250、200、180		
		内墙厚度		200、180、150、100		
		楼板厚度		120、100		

5	楼梯结构形式	板式楼梯				
6	混凝土强度等级	基础	C30	消防水池		C30
		防水底板、承台梁	C30	阳台栏板、隔板		C25
		基础底板垫层	C20	现浇过梁		C25
		构造柱	C25	独立设备基础		C25
			剪力墙、连梁	框架柱	梁板	楼梯
		±0.0以下	C30	C30	C30	C30
		±0.0以上	C25	C25	C25	C25
7	抗震等级	三级				
8	设防烈度	7度				
9	钢筋连接方式	搭接、机械连接、焊接				
10	二次结构	200、100厚加气混凝土砌块墙、150厚埃特板墙				

对于××项目,我项目部建立健全的绿色施工管理体系,并制定相应的管理制度与目标:

项目经理为绿色施工第一责任人,负责绿色施工的组织实施及目标实现,并指定绿色施工管理人员和监督人员,在施工过程中实时监控,做好绿色施工。

第二节 规划管理

绿色施工方案包括以下内容:

(1)环境保护措施,制定环境管理计划及应急救援预案,采取有效措施,降低环境负荷;

(2)节材措施,在保证工程安全与质量的前提下,制定节材措施。如进行施工方案的节材优化,尽量避免工地现场材料浪费,建筑垃圾减量化,尽量利用可循环材料等;

点评:没有具体措施,难以检查落实。有空话套话之嫌。

(3)节水措施,根据工程所在地的水资源状况,制定节水措施;

(4)节能措施,进行施工节能策划,确定目标,制定节能措施;

(5)节地与施工用地保护措施,施工总平面布置规划及临时用地节地措施等。

第三节 实施管理

在绿色施工过程中对整个施工过程实施动态管理,加强对施工策划、施工准备、材料采购、现场施工、工程验收等各阶段的管理和监督。

结合工程项目的特点,有针对性地对绿色施工作相应地宣传,通过宣传营造绿色施工的氛围。

定期对职工进行绿色施工知识培训,增强职工绿色施工意识。

第四节 评价管理

根据绿色施工方案,结合工程特点,对绿色施工的效果及采用的新技术、新设备、新材料与新工艺,进行自我评估。

第五节　人员安全与健康管理

在施工方案中制订施工防尘、防毒、防辐射等职业危害的措施，保障施工人员的长期职业健康。

根据实际场地合理布置施工现场，保护生活及办公区不受施工活动的有害影响。施工现场建立卫生急救、保健防疫制度，在安全事故和疾病疫情出现时提供及时救助。

提供卫生、健康的工作与生活环境，加强对施工人员的住宿、膳食、饮用水等生活与环境卫生等管理，明显改善施工人员的生活条件。

点评：绿色施工的组织管理、规划管理、实施管理、评价管理、人员安全与健康管理，表述清晰。

第三章　环境保护
第一节　扬尘控制

在运送土方、垃圾、设备及建筑材料等物质时，不污损场外道路。运输容易散落、飞扬、流漏的物料车辆，必须采取措施封闭严密，保证车辆清洁。施工现场出口设置洗车槽，及时清洗车辆上的泥土，防止泥土外带。

土方作业阶段，采取洒水、覆盖等措施，达到作业区无肉眼可观测扬尘，不扩散到场区外。

结构施工、安装装饰装修阶段。对易产生扬尘的堆放材料应采取密目网覆盖措施；对粉末状材料应封闭存放；场区内可能引起扬尘的材料及建筑垃圾搬运应有降尘措施，如覆盖、洒水等；浇筑混凝土前清理灰尘和垃圾时利用吸尘器清理，机械剔凿作业时可用局部遮挡、掩盖、水淋等防护措施；多层建筑清理垃圾应搭设封闭性临时专用道或采用容器吊运。

施工现场非作业区达到目测无扬尘的要求。对现场易飞扬物质采取有效措施，如洒水、地面硬化、围挡、密网覆盖、封闭等，防止扬尘产生。

构筑物机械拆除前，做好扬尘控制计划。可采取清理积尘、拆除体洒水、设置隔挡等措施。

现场具体措施：

1. 施工现场扬尘控制

预拌混凝土供应商的选择：所有混凝土均采用预拌混凝土，由总项目经理牵头，选定综合实力强的××混凝土有限公司。

场地的封闭及绿化：现场内所有的场地均采用C20的混凝土浇筑，车道200 mm厚，其余150 mm厚。难以利用的空地做成花池，种花美化。

点评：施工场地全部用混凝土硬化，值得商榷。

散状颗粒物的防尘措施：回填土，砌筑用砂子等进场后，临时用密目网或者苫布进行覆盖，控制一次进场量，边用边进，减少散发面积。用完后清扫干净。运土坡道要注意覆盖，防止扬尘。

　　封闭式垃圾站：在现场设置三个封闭式垃圾站。施工垃圾用塔吊吊运至垃圾站，对垃圾按无毒无害可回收、无毒无害不可回收、有毒有害可回收、有毒有害不可回收分类分拣、存放，并选择有垃圾消纳资质的承包商外运至规定的垃圾处理场。

　　切割、钻孔的防尘措施：齿锯切割木材时，在锯机的下方设置遮挡锯末挡板，使锯末在内部沉淀后回收。钻孔用水钻进行，在下方设置疏水槽，将浆水引至容器内沉淀后处理。

　　钢筋接头：大直径钢筋采用直螺纹机械连接，减少焊接产生废气对大气的污染。大口径管道采用沟槽连接技术，避免焊接释放的废气体对环境的污染。

　　点评：焊接产生废气对大气的污染，不属于扬尘控制。施工工地对大气的污染主要是运输车辆尾气的排放。

　　洒水防尘：常温施工期间，每天派专人洒水，将沉淀池内的水抽至洒水车内，边走边洒。洒水车前设置钻孔的水管，保证洒水均匀。

　　现场周边围墙：现场周边按着用地红线砌围墙，高度 2.2 m，既挡噪声又挡粉尘。围墙外面按照集团公司 VI 管理手册设计。

　　点评：围挡作业高度 2.2 m 的依据？

　　车辆运输防尘：保证运土车、垃圾运输车、混凝土搅拌运输车、大型货物运输车辆运行状况完好，清洁。散装货箱带有可开启式翻盖，装料至盖底为止，限制超载。挖土期间，在车辆出门前，派专人清洗泥土车轮胎；运输坡道上设置钢筋网格震落轮胎上的泥土。在完全硬化的混凝土道路上设置淋湿地毡，防止车辆带土和扬尘。

　　点评：在完全硬化的混凝土道路上设置淋湿地毡，防止车辆带土和扬尘的做法值得商榷。

　　2. 废气排量控制

　　与运输单位签署环保协议，使用满足本地区尾气排放标准的运输车辆，不达标的车辆不允许进入施工现场。

　　项目部自用车辆均要为排放达标。

　　所有机械设备由专业公司负责提供，有专人负责保养、维修，定期检查，确保完好。

　　点评：施工场地的废气，主要来自运输车辆尾气排放。

第二节　噪声与振动控制

　　在施工过程中严格控制噪声，对噪声进行实时监测与控制。监测方法执行《建筑施工场界噪声测量方法》（GB 12524—90）。使现场噪声排放不得超过《建筑施工场界噪声限值》（GB 12523—90）的规定。

　　点评：新标准是《建筑施工场界环境噪声排放标准》（GB 12523—2011），《建筑施工场界噪声限值》（GB 12523—90）和《建筑施工场界噪声测量方法》（GB 12524—90）已废止。

　　使用低噪声、低振动的机具，采取隔声与隔振措施，避免或减少施工噪声和振动。

　　该项目降低噪声具体措施：

一般设备噪声控制：

塔吊：本工程使用 2 台塔吊，日常保养良好，性能完善；运行平稳且噪声小。

钢筋加工机械：本工程的钢筋加工机械全是新购置的产品，性能良好，运行稳定，噪声小。

木材切割噪声控制：在木材加工场地切割机周围搭设一面围挡结构，尽量减少噪声污染。

混凝土输送泵噪声控制：结构施工期间，根据现场实际情况确定泵送车位置，布置在空旷位置，采用噪声小的设备，必要时在输送泵的外围搭设隔声棚，减少噪声扰民。

混凝土浇筑：尽量安排在白天浇筑。选择低噪声的振捣设备。浇筑地下室底板争取采用溜槽加窜筒下料，减少噪声和工程费用。

点评：浇筑地下室底板争取采用溜槽加窜筒下料，与减少工程费用没有必然关系。

第三节 光污染控制

尽量避免或减少施工过程中的光污染。夜间室外照明灯加设灯罩，透光方向集中在施工范围。

电焊作业采取遮挡措施，避免电焊弧光外泄。

具体措施：

设置焊接光棚：钢结构焊接部位设置遮光棚，防止强光外射对工地周围区域造成影响。对于板钢筋的焊接，可以用废旧模板钉维护挡板；对于大钢结构采用钢管扣件、防火帆布搭设，可拆卸循环利用。

控制照明光线的角度：工地周遍及塔吊上设置大型罩式灯，随着工地的进度及时调整罩灯的角度，保证强光线不射出工地外。施工工地上设置的碘钨灯照射方向始终朝向工地内侧。

必要时在工作面设置挡光彩条布或者密目网遮挡强光。

第四节 水污染控制

施工现场污水排放应达到《污水综合排放标准》(GB 8978—1996) 的要求。在施工现场应针对不同的污水，设置相应的沉淀池、隔油池、化粪池。

具体措施：

雨水：雨水经过沉淀池后排入市政管网。由于场地全硬化，减轻了沉积物的量。

污水排放：办公区、生活区设置水冲式厕所。污水经过化粪池沉淀后排入市政污水管道。

设置隔油池：在工地食堂洗碗池下方设置二级隔油池。每天清扫、清洗，油物随生活垃圾一同收入生活垃圾桶，外运。

沉淀池设置：二级沉淀池设置在现场大门处，基坑抽出的水和清洗混凝土搅拌车、泥土车等的污水经过沉淀后，可再利用在现场洒水和混凝土养护等。

保护地下水环境：采用隔水性能好的边坡支护技术。在缺水地区或地下水位持续下降的地区，基坑降水尽可能少地抽取地下水。

该工程采用了地下连续墙作为基坑支护方案，达到了止水效果，减小了抽取地下水的量。

对于化学品等有毒材料、油料的储存地，应有严格的隔水层设计，做好渗漏液收集和处理。

点评：该工程采用了地下连续墙作为基坑支护方案，达到了止水效果，减小了抽取地下水的量。但用地下连续墙作为基坑支护方案，针对本工程，可信度不高。

另有套用之嫌。

第五节　土壤保护

保护地表环境，防止土壤侵蚀、流失。因施工造成的裸土，及时覆盖砂石或种植速生草种，以减少土壤侵蚀；因施工造成容易发生地表径流土壤流失的情况，应采取设置地表排水系统、稳定斜坡、植被覆盖等措施，减少土壤流失。

沉淀池、隔油池、化粪池等不发生堵塞、渗漏、溢出等现象。及时清掏各类池内沉淀物。该项目隔油池天天清理，排水沟和沉淀池每月清理两次。

对于有毒有害废弃物如电池、墨盒、油漆、涂料等项目部统一回收后交有资质的单位处理，不能作为建筑垃圾外运；废旧电池要回收，在领取新电池时交回旧电池，最后由项目部统一移交公司处理，避免污染土壤和地下水。

机械机油处理：在机械的下方铺设苫布，上面铺一层沙吸油，最后集中找有资质的单位处理。

施工后应恢复施工活动破坏的植被。与当地园林、环保部门或当地植物研究机构进行合作，在先前开发地区种植当地或其他合适的植物，以恢复剩余空地地貌或科学绿化，补救施工活动中人为破坏植被和地貌造成的土壤侵蚀。

第六节　建筑垃圾控制

施工现场的固体废弃物对环境产生的影响较大。这些垃圾不易降解，对环境产生长期影响。

制定建筑垃圾减量化计划：每万平方米的建筑垃圾不宜超过 400 t。

加强建筑垃圾的回收再利用，力争建筑垃圾的再利用和回收率达到 30%，建筑物拆除产生的废弃物的再利用和回收率大于 40%。对于碎石类、土石方类建筑垃圾，采用地基填埋、铺路等方式提高再利用率，力争再利用率大于 50%。

施工现场生活区设置封闭式垃圾容器，施工场地生活垃圾实行袋装化，及时清运。对建筑垃圾进行分类，并收集到现场封闭式垃圾站，集中运出。

在该工程中我们要按照"减量化、资源化和无害化"的原则采取以下措施：

1. 固体废弃物减量化

通过合理下料技术措施，准确下料，尽量减少建筑垃圾。

实行"工完场清"等管理措施，每个工作在结束该段施工工序时，在递交工序交接单前，负责把自己工序的垃圾清扫干净。充分利用建筑垃圾废弃物的落地砂浆、混凝土等材料。

提高施工质量标准，减少建筑垃圾的产生，如提高墙、地面的施工平整度，一次性达到找平层的要求，提高模板拼缝的质量，避免或减少漏浆。

尽量采用工厂化生产的建筑构件，减少现场切割。

2. 固体废弃物资源化

废旧材料的再利用：利用废弃模板来钉做一些维护结构，如遮光棚、隔声板等；利用废弃的钢筋头制作楼板马凳、地锚拉环等；利用木方、木胶合板来搭设道路边的防护板和后浇带的防护板。

每次浇注完剩余的混凝土用来浇注构造柱、水沟预制盖板和后浇带预制盖板等小构件。

3. 固体废弃物分类处理

垃圾分类处理，可回收材料中的木料、木板由胶合板厂、造纸厂回收再利用；

非存档文件纸张采用双面打印或复印，废弃纸张最终与其他纸制品一同回收再利用；

废旧不可利用钢铁的回收：施工中收集的废钢材，由项目部统一回收再利用；

办公使用可多次灌注的墨盒，不能用的废弃墨盒由制造商回收再利用。

第七节 地下设施、文物和资源保护

施工前调查清楚地下各种设施，做好保护计划，保证施工场地周边的各类管道、管线、建筑物、构筑物的安全运行。

第四章 节材与材料资源利用

第一节 节材措施

（1）图纸会审时，审核节材与材料资源利用的相关内容，达到材料损耗率比定额损耗率降低 30%。

（2）根据施工进度、库存情况等合理安排材料的采购、进场时间和批次，减少库存。

（3）现场材料堆放有序。储存环境适宜，措施得当。保管制度健全，责任落实。

（4）材料运输工具适宜，装卸方法得当，防止损坏和遗撒。根据现场平面布置情况就近卸载，避免和减少二次搬运。

（5）采取技术和管理措施提高模板、脚手架等的周转次数。

（6）优化安装工程的预留、预埋、管线路径等方案。

（7）应就地取材，施工现场 500 km 以内生产的建筑材料用量占建筑材料总重量的 70%以上。

第二节 结构材料

（1）使用商品混凝土和商品砂浆。准确计算采购数量、供应频率、施工速度等，在施工过程中动态控制。

（2）优化钢筋配料和钢构件下料方案。钢筋及钢结构制作前应对下料单及样品进行复核，无误后方可批量下料。

（3）优化钢结构制作和安装方法。大型钢结构宜采用工厂制作，现场拼装；宜采用分段吊装、整体提升、滑移、顶升等安装方法，减少方案的措施用材量。

第三节 围护材料

（1）门窗、屋面、外墙等围护结构选用耐候性及耐久性良好的材料，施工确保密封性、防水性和保温隔热性。

（2）门窗采用密封性、保温隔热性能、隔声性能良好的型材和玻璃等材料。

（3）屋面材料、外墙材料具有良好的防水性能和保温隔热性能。

（4）当屋面或墙体等部位采用基层加设保温隔热系统的方式施工时，应选择高效节能、耐久性好的保温隔热材料，以减小保温隔热层的厚度及材料用量。

（5）屋面或墙体等部位的保温隔热系统采用专用的配套材料，以加强各层次之间的粘结或连接强度，确保系统的安全性和耐久性。

（6）根据建筑物的实际特点，优选屋面或外墙的保温隔热材料系统和施工方式，例如保温板粘贴、保温板干挂、聚氨酯硬泡喷涂、保温浆料涂抹等，以保证保温隔热效果，并减少材料浪费。

（7）加强保温隔热系统与围护结构的节点处理，尽量降低热桥效应。针对建筑物的不同部位保温隔热特点，选用不同的保温隔热材料及系统，以做到经济适用。

第四节 装饰装修材料

（1）贴面类材料在施工前，进行总体排版策划，减少非整块材的数量。

（2）采用非木质的新材料或人造板材代替木质板材。

（3）防水卷材、壁纸、油漆及各类涂料基层必须符合要求，避免起皮、脱落。各类油漆及黏结剂应随用随开启，不用时及时封闭。

（4）幕墙及各类预留预埋应与结构施工同步。

（5）木制品及木装饰用料、玻璃等各类板材等宜在工厂采购或定制。

（6）采用自粘类片材，减少现场液态黏结剂的使用量。

第五节 周转材料

（1）选用耐用、维护与拆卸方便的周转材料和机具。

（2）优先选用制作、安装、拆除一体化的专业队伍进行模板工程施工。

（3）模板应以节约自然资源为原则，推广使用定型钢模、钢框竹模、竹胶板。

（4）施工前应对模板工程的方案进行优化。多层建筑使用可重复利用的模板体系，模板支撑宜采用工具式支撑。

（5）现场办公和生活用房采用周转式活动房。现场围挡应最大限度地利用已有围墙，或采用装配式可重复使用围挡封闭。力争工地临房、临时围挡材料的可重复使用率达到70%。

第五章 节水与水资源利用
第一节 提高用水效率

(1) 施工中采用先进的节水施工工艺。

(2) 施工现场喷洒路面、绿化浇灌不使用市政自来水。现场搅拌用水、养护用水采取有效的节水措施,严禁无措施浇水养护混凝土。

(3) 施工现场供水管网应根据用水量设计布置,管径合理、管路简捷,采取有效措施减少管网和用水器具的漏损。

(4) 现场机具、设备、车辆冲洗用水设立循环用水装置。施工现场办公区、生活区的生活用水采用节水系统和节水器具,提高节水器具配置比率。项目临时用水应使用节水型产品,安装计量装置,采取针对性的节水措施。

(5) 施工现场建立可再利用水的收集处理系统,使水资源得到梯级循环利用。

第二节 非传统水资源利用

(1) 处于基坑降水阶段的工地,采用地下水作为养护用水、冲洗用水和部分生活用水。

(2) 现场机具、设备、车辆冲洗、喷洒路面、绿化浇灌等用水,优先采用非传统水源,尽量不使用市政自来水。

(3) 力争施工中非传统水源和循环水的再利用量大于 30%。

第六章 节能与能源利用
第一节 节能措施

(1) 能源节约教育:施工前对所有的工人进行节能教育,树立节约能源的意识,养成良好的习惯,并在电源控制处,贴出"节约用电"、"人走灯灭"等标志,在厕所部位设置声控感应灯等达到节约用电的目的。

(2) 制订合理施工能耗指标,提高施工能源利用率。

(3) 优先使用国家、行业推荐的节能、高效、环保的施工设备和机具,如选用变频技术的节能施工设备等。

(4) 施工现场分别设定生产、生活、办公和施工设备的用电控制指标,定期进行计量、核算、对比分析,并有预防与纠正措施。

(5) 在施工组织设计中,合理安排施工顺序、工作面,以减少作业区域的机具数量,相邻作业区充分利用共有的机具资源。安排施工工艺时,应优先考虑耗用电能的或其他能耗较少的施工工艺。避免设备额定功率远大于使用功率或超负荷使用设备的现象。

(6) 设立耗能监督小组:项目工程部设立临时用水、临时用电管理小组,除日常的维护外,还负责监督过程中的使用,发现浪费水电人员、单位则予以处罚。

(7) 选择利用效率高的能源:食堂使用液化天然气,其余均使用电能。不使用煤球等利用率低的能源,同时也减少了大气污染。

第二节 机械设备与机具

(1) 建立施工机械设备管理制度,开展用电、用油计量,完善设备档案,及时做好维修保养工作，使机械设备保持低耗、高效的状态。

（2）选择功率与负载相匹配的施工机械设备，避免大功率施工机械设备低负载长时间运行。机电安装可采用节电型机械设备，如逆变式电焊机和能耗低、效率高的手持电动工具等，以利节电。机械设备宜使用节能型油料添加剂，在可能的情况下，考虑回收利用，节约油量。

（3）合理安排工序，提高各种机械的使用率和满载率，降低各种设备的单位耗能。

第三节　生产生活及办公临时设施

（1）利用场地自然条件，合理设计生产、生活及办公临时设施的体形、朝向、间距和窗墙面积比，使其获得良好的日照、通风和采光。

（2）临时设施宜采用节能材料，墙体、屋面使用隔热性能好的材料，减少夏天空调、冬天取暖设备的使用时间及耗能量。

（3）合理配置采暖、空调、风扇数量，规定使用时间，实行分段分时使用，节约用电。

第四节　施工用电及照明

（1）临时用电优先选用节能电线和节能灯具，临电线路合理设计、布置，临电设备宜采用自动控制装置。采用声控、光控等节能照明灯具。

（2）照明设计以满足最低照度为原则，照度不应超过最低照度的 20%。

第七章　节地与施工用地保护

第一节　临时用地指标

（1）根据施工规模及现场条件等因素合理确定临时设施：临时加工厂、现场作业棚及材料堆场、办公生活设施等的占地指标。临时设施的占地面积应按用地指标所需的最低面积设计。

（2）平面布置合理、紧凑，在满足环境、职业健康与安全及文明施工要求的前提下尽可能减少废弃地和死角。

第二节　临时用地保护

（1）对深基坑施工方案进行优化，减少土方开挖和回填量，最大限度地减少对土地的扰动，保护周边自然生态环境。

（2）红线外临时占地应尽量使用荒地、废地，少占用农田和耕地。工程完工后，及时对红线外占地恢复原地形、地貌，使施工活动对周边环境的影响降至最低。

（3）利用和保护施工用地范围内原有绿色植被。对于施工周期较长的现场，按建筑永久绿化的要求，安排场地新建绿化。

点评： 该工程有深基坑施工吗？绿色施工方案如失去针对性，是最大的"不绿色"。

第三节　施工总平面布置

（1）施工总平面布置科学、合理，充分利用原有构筑物、道路、管线为施工服务。

（2）施工现场搅拌站、仓库、加工厂、作业棚、材料堆场等布置应尽量靠近已有交通线路或即将修建的正式或临时交通线路，缩短运输距离。

（3）临时办公和生活用房采用经济、美观、占地面积小、对周边地貌环境影响较小，且适合于施工平面布置动态调整的多层轻钢活动板板房。生活区与生产区分开布置。

（4）施工现场道路按照永久道路和临时道路相结合的原则布置。施工现场内形成环形通路，减少道路占用土地。

（5）临时设施布置应注意远近结合，努力减少和避免大量临时建筑拆迁和场地搬迁。应该最大限度地减少对原有土地生态环境的影响。

两绿色施工案例评析：

两个绿色施工方案，都涵盖了施工管理、环境保护、节材与材料资源利用、节水与水资源利用、节能与能源利用、节地与施工用地保护。但有些方面针对性不强，《绿色施工导则》是对绿色施工全方位指导，各个工程都有各自的特点和不同的制约条件，不能生搬硬套，要注重实际效果。

"绿色施工"的基本观点

（1）注重减少建设场地干扰、保护生态环境

工程施工过程会可能扰乱场地环境，这一点对于未开发区域的新建项目尤其严重。场地平整、土方开挖、施工降水、永久及临时设施建造、场地废物处理等均会对场地上现存的动植物资源、地形地貌、地下水位等造成影响；还会对场地内现存的文物、地方特色资源等带来破坏，影响当地文脉的继承和发扬。因此，施工中减少场地干扰、尊重施工场地环境对于保护生态环境，维持地方文脉具有重要的意义。承包商应当识别场地内现有的自然、文化和构筑物特征，通过合理施工和管理将这些特征保存下来。可持续的场地施工设计对于减少这种干扰具有重要的作用。但这方面，就工程施工方而言，能尽量减少场地干扰的绿色施工方案不为多见。

（2）注重施工过程与当地气候的有效结合

施工单位在选择施工方法、施工机械，安排施工顺序，布置施工场地时应结合气候特征。这样可以减少因为气候原因带来施工措施费的增加，资源和能源用量的增加，有效地降低施工成本；可以减少因为额外措施对施工现场及环境的干扰；有利于施工现场环境质量品质的改善和工程质量的提高。承包商要能做到施工结合气候，首先要了解现场所在地区的气象资料及特征，主要包括：降雨资料、降雪资料、气温资料、风的资料。两个施工方案都没有这方面的管理内容。

（3）注重环境保护，减少或避免环境污染

工程施工中产生的大量灰尘、噪声、有毒有害气体、废物等会对环境品质造成严重的影响，也将有损于现场工作人员、使用者以及公众的健康。减少环境污染，提高环境品质是绿色施工的重要工作之一（提高与施工有关的室内外空气品质）。施工过程中，扰动建筑材料和系统所产生的扬尘，从材料、施工设备或施工过程中散发出来的挥发性有机化合物会恶化室内外空气品质。有些挥发性有机化合物或微粒会对健康构成潜在的威胁和损

害，需要特殊的安全防护。这些威胁和损伤有些是长期的，甚至是致命的。而且在建造过程中，这些污染物也有可能渗入邻近的建筑物，并在施工结束后继续留在建筑物内。这种影响尤其对那些需要在房屋使用者在场的情况下进行施工的改建项目更需引起重视。对于噪声的控制也是防止环境污染，提高环境品质的一个方面。两方案都有这方面的内容，很好。

（4）应注重科学管理，提高绿色施工经济效果

实施绿色施工，必须要实施科学管理，提高绿色管理水平，使施工单位从被动地适应转变为主动的响应。工程项目实施绿色施工制度化、规范化，使施工单位意识到，绿色施工不仅仅是为了环境保护、为了社会公众利益，也涉及自身的发展，有利于提高绿色施工的经济效果。

（5）改变传统施工理念，建立全过程的"绿色施工"管理模式

传统施工理念，在注重节约资源和环保指标时，往往局限于选用环保型施工机具和实施降噪、降尘的环保型封闭施工等局部环节，两方案都存在这方面的问题。施工单位在编制施工组织设计时，施工全过程都要贯彻绿色施工的原则，主动建立绿色施工责任制。要建立社会承诺保证机制、社会各界共同参与监督的制约机制，使其范围更广，内容更丰富，把绿色施工纳入工程保险与工程合同索赔制度，为绿色施工创造良好的运行环境。

第三节　绿色施工方案范例精选

一、××宾馆工程（绿色施工）环境管理方案

1. 工程概况

本工程建筑面积为 112 381 m^2，建筑物高度为 107.8 m，主楼地上 28 层，地下 3 层。人工挖孔桩灌注桩基础，共 198 根。桩直径分别为 2 000 mm、1 800 mm、1 200 mm；平均桩长约 26 m。

（1）工程难点

本工程基础埋深 9.5 m，局部达 13.8 m。基坑周边的土质较差，与周边建筑、道路、管线较近。施工场地狭小。基坑土方开挖，如何保证基坑边坡稳定，又不对周围环境造成影响，是本工程的一个难点。

工程位于闹市区，材料运输困难，影响周边环境。工程装饰量较大，分包队伍多，装饰材料的保管和对现场安全的控制是本工程的一个难点。

（2）安全、环境要求

杜绝死亡和重大机械设备、急性中毒、火灾事故，避免重伤，轻伤负伤频率控制在 2‰以内。

有效控制各种环境影响因素。不超标排放，杜绝重大环境影响事件，无严重环境影响行政处罚记录。环境影响投诉处理率达 100%。

2. 环境因素识别

(1) 深基坑开挖的环境因素

1) 挖土机、锚杆机施工产生的噪声。

2) 锚杆机施工产生的粉尘。

3) 灌浆产生的污水与噪声。

4) 空气压缩机产生的噪声。

5) 混凝土运输、浇筑当中的遗撒、噪声排放、污水排放。

6) 土方运输过程中的遗撒、噪声排放。

(2) 人工挖孔桩施工阶段的环境因素

1) 土石方运输过程中产生的遗撒、扬尘。

2) 土石方未运至指定地点。

3) 桩孔中积水排放。

(3) 模板施工阶段的环境因素

1) 模板安装过程中，模板表面脱模剂涂刷时，脱模剂遗撒对土壤造成污染。

2) 模板吊运过程中，吊装机械产生的噪声。

3) 模板安装过程中，拼装模板产生的噪声。

4) 模板拆除过程中产生的噪声及粉尘对大气造成污染。

5) 脚手架装卸过程中产生的噪声等。

3. 环境管理目标

(1) 深基坑开挖阶段

1) 噪声排放达标白天 70 dB，夜间 55 dB。

2) 污水排放达标。冲洗混凝土罐车的污水经二级沉淀池沉淀后，排入市政污水管网。杜绝遗洒、溢流，食堂废水必须经隔油池过滤后排入城市污水管网。杜绝遗洒、溢流，浴室、厕所的污水必须经化粪池过滤沉淀后，排入城市污水管网，杜绝遗洒、溢流。

3) 有效控制城区施工现场扬尘。一级风扬尘控制高度 0.3～0.4 m，二级风扬尘控制高度 0.5～0.6 m，三级风扬尘控制高度小于 1 m，四级风停止土方作业。

(2) 人工挖孔桩成孔施工阶段

1) 污水排放达标。

2) 有效控制施工现场扬尘。

3) 运输土方无遗撒。

(3) 高大模板施工阶段环境因素目标

1) 噪声达标排放。

2) 废弃物达标排放。

3）有效控制施工现场扬尘。

4. 环境管理措施

1）现场施工道路采用混凝土硬化。道路宽 6 m，基层压实后采用 C20 混凝土 150 mm 厚浇筑，其余施工用地基层平整压实后，采用石粉拌 15%左右的水泥再压实的方法进行硬化。

2）工地现场两个大门口设置洗车槽，洗车槽深宽各 300 mm，底面用细石混凝土 100 mm 厚封底，两侧边用 C30 混凝土做 200 mm 宽的侧壁，以 5%的排水坡度引向沉淀池，上面盖以直径 25 钢筋焊成的钢筋盖。洗车槽围成一个 4 m×6 m 的洗车场地，运输车辆在洗车场地冲洗干净后方能驶入市政道路，避免车辆轮胎污染市政道路。

3）施工废水或污水必须经过沉淀，达标后方可排向市政管网，沉淀池内的泥沙定期清理干净，并妥善处理。未经处理的泥浆水，严禁直接排入城市下水道。

4）施工机械选用低噪声、低能耗的设备，避免噪声超标和节约能源。车辆行驶禁鸣喇叭。当场界噪声超标时，合理选择施工工艺或错开使用产生噪声的机械设备，以降低噪声。

5）施工现场的排水系统应通畅，防止现场积水。

6）干燥气候下施工时，应配置洒水设备。施工场地、施工道路、作业面等处应有专人负责定期洒水、清扫，以防止现场扬尘超标。

7）施工作业完成后，应对裸露的地面、堆土进行覆盖，防止扬尘。

8）施工现场的专职环保员每天不间断地对现场应监视的内容进行监视，做好记录，发现异常情况，及时向相关人员报告，及时处理。

二、北京射击馆绿色施工管理方案

1. 工程概况

2008 年奥运北京射击馆工程地处香山脚下。工程建筑面积 45 980.3 m²，设观众坐席 9 000 个。框架-剪力墙结构，大跨度空间钢管网架、桁架屋盖体系。

射击馆工程外形简洁明快。工程采用了大跨度现浇预应力异形截面轻质材料填充楼板、无装饰清水混凝土、智能型呼吸式幕墙、预制清水混凝土外挂板、太阳能光电、光热、先进的空气处理技术、绿色照明、高效的外墙保温、智能管理、中水、雨水利用、节水设施等绿色建筑和绿色施工技术，圆满实现了"绿色奥运、科技奥运、人文奥运"三大理念。

2. 施工绿色环境管理主要措施

（1）扬尘控制措施

1）施工现场周围设置 2 m 高钢板围挡，可周转使用，降低成本，节约能源。

2）为降低施工现场扬尘发生和现浇混凝土对地面的污染，施工现场主要道路采 150 mm 厚 C20 混凝土硬化，每天设专人用洒水车随时洒水压尘，所用水源为养护混凝土和洗泵车后沉淀收集用水。

3) 运送渣土的车辆均进行覆盖；工地出口要设置宽 5 m、长 0.8 m 的洗车槽，运输车辆驶出施工现场要将车轮冲洗干净。

4) 水泥和其他易飞扬的细颗粒散装材料均安排库内存放。如露天存放采用严密苫盖，运输和装卸时防止遗撒和飞扬，减少扬尘。石灰的熟化和灰土施工时适当配合洒水，减少扬尘。

5) 每次拆模后设专人及时清理模板上的混凝土和灰土，模板清理过程中垃圾及时清运到施工现场指定的垃圾存放地点，保证模板堆放区的清洁。

6) 本工程永久建筑和临时建筑中，不采用政府虽未明令禁止，但会给周边居民或使用人带来不适感觉的任何材料和添加剂。

所有施工材料均使用符合环保要求的材料。

(2) 降低噪声措施

1) 根据环保噪声标准（dB）日夜要求的不同，合理协调安排分项工程施工时间，将混凝土安排在白天施工，避免混凝土夜间施工振捣扰民。夜间所有运输车辆进入现场后禁止鸣笛，减少噪声。

2) 提倡文明施工，加强人为噪声管理。尽量减少大声喧哗，增强全体施工人员防噪声扰民的意识。

3) 最大限度地减少施工噪声污染，清理混凝土料斗中的混凝土渣，严禁用榔头敲打。加强对全体职工的环保教育，防止不必要的噪声产生。

(3) 现场污水排放措施

1) 施工现场临建阶段，统一规划排水管线、排水沟、排水设施通畅。

2) 运输车辆清洗处设置沉淀池，排放的废水排入沉淀池内，经二次沉淀后用于洒水降尘。

3) 现场设置专用油漆油料库，储存、使用和保管要专人负责，防止油料跑、冒、滴、漏污染地下水和环境。

(4) 垃圾处理措施

1) 施工现场建筑垃圾设专门的垃圾分类堆放区，在现场设密闭垃圾站，并设置施工垃圾分拣站和危险废弃物回收站。施工垃圾、生活垃圾分类存放，并在各楼层或区域设立足够尺寸的垃圾箱，根据垃圾数量随时清运消纳。运垃圾的专用车每次装完后，用布盖好，避免途中遗撒和运输过程中造成扬尘。

2) 现场区域在施工过程中要做到工完场清，以免在结构施工完未进入装修封闭阶段，刮风时将灰尘吹入空气中。清理施工垃圾时应使用封闭的专用垃圾道或采用容器吊运，严禁凌空抛撒造成扬尘。

(5) 限制光污染措施

探照灯尽量选择既能满足施工照明要求又不刺眼的新型灯具，或采用措施使夜间照明只照射施工区而不影响周围社区居民休息。

（6）施工现场卫生防疫措施

1）施工现场责任区分片包干、挂牌标识，个人岗位责任制健全，保洁、安全、防火等措施明确有效。工地大门两侧街道随时清扫、保洁，为保证该路段清洁干净，由行政经理为主管，安排专职保洁员负责保洁。

2）办公区要做到整齐、美观、窗明地净，及时打扫和清洗脏物。清倒垃圾到指定场所，严禁随地倾倒污水污物。保持室内空气流通、清新。

3）严格遵守北京市政府有预防传染病的相关规定，为施工现场职工提供符合政府卫生规定的生活条件，保证职工身体健康。

4）现场设立专门的临时医疗站，配备足够的设施、药物和医务人员，准备了两套担架，用于一旦发生安全事故时对受伤人员的急救。

（6）环保产品的使用

1）严格执行国家颁布的《民用建筑工程室内环境污染控制规范》（GB 50325—2010），并严格保证使用的工程材料满足国家标准要求。

2）本工程所使用的无机非金属建筑材料，包括砂、石、砖、水泥、混凝土、预制构件和新型墙体材料等，其放射性指标限量均符合国家和北京市有关规定要求。

3）本工程所使用的无机非金属装修材料，包括石材、建筑卫生陶瓷、石膏板、吊顶材料等，其放射性指标限量均符合国家和北京市有关规定要求。

4）人造木板及饰面人造木板，全部通过环保检测。

第五章　绿色施工技术

住房和城乡建设部于 2010 年下发了《关于做好建筑业 10 项新技术（2010）推广应用的通知》。该通知既总结了传统技术领域的最新发展成果，又引入了前沿技术，增加的绿色施工技术，其核心体现了绿色建筑的"四节一环保"。

第一节　基坑施工封闭降水技术

一、封闭降水技术发展概述

基坑封闭降水技术在我国沿海地区应用比较早，其封闭施工工艺来源于地基处理和水利堤坝的垂直防渗。我国从 1958 年修建山东省青岛月子口水库圆孔套接水泥黏土混凝土防渗墙——第一个垂直防渗墙工程开始，20 世纪 50～70 年代垂直防渗技术发展很快。

最近 20 年，封闭降水技术较为常用的有：薄抓斗成槽造墙技术、液压开槽机成墙技术、高压喷射灌注（包括定喷法、摆喷法和旋喷法）成墙技术、深层搅拌桩截渗墙技术等。

传统的基坑开挖多采用排水降水的方法。近些年，由于降水带来的环境影响逐渐被人们所认识，并且已经对人类生活造成了一定的影响，因此，这项技术才被重视起来。北京自 2008 年 3 月 1 日起，实施了《北京市建设工程施工降水管理办法》，要求采用封闭降水技术。

二、基本原理、主要技术内容、特点及措施

1. 基本原理

基坑封闭降水是指在基坑周边采用增加渗透系数较小的封闭结构，有效阻止地下水向基坑内部渗流，在抽取开挖范围内少量地下水的控制措施。

2. 主要技术内容及特点

基坑施工封闭降水技术多采用基坑侧壁帷幕或基坑侧壁帷幕+基坑底封底的截水措施，阻截基坑侧壁及基坑底面的地下水流入基坑，同时采用降水措施抽取或引渗基坑开挖范围内的现存地下水的降水办法。

截水帷幕常采用深层搅拌桩帷幕、高压摆喷墙、旋喷桩帷幕、地下连续墙等。

特点：抽水量小，对周边环境影响小，不污染周边水源，止水系统配合结构支护体系一起设计，降低造价。

3．技术指标与技术措施

（1）封闭深度：宜采用悬挂式竖向截水和水平封底相结合，在没有水平封底措施的情况下要求侧壁帷幕（连续墙、搅拌桩、旋喷桩等）插入基坑下卧不透水土层一定深度。

（2）截水帷幕厚度：搭接处最小厚度应满足抗渗要求，渗透系数宜小于 1.0×10^{-6} cm/s。

（3）帷幕桩的搭接长度：不小于 150 mm。

（4）基坑内井深度：可采用疏干井和降水井。若采用降水井，井深度不宜超过截水帷幕深度；若采用疏干井，井深应插入下层强透水层。

（5）结构安全性：截水帷幕必须在有安全的基坑支护措施下配合使用（如排桩支护），或者帷幕本身经计算能同时满足基坑支护的要求（如水泥土挡墙）。

三、适用范围与应用前景

本技术适用于有地下水存在的所有非岩石地层的基坑工程。

我国南方沿海地区宜采用地下连续墙或护坡桩+搅拌桩止水帷幕的地下水封闭措施。北方内陆地区宜采用护坡桩+旋喷桩止水帷幕的地下水封闭措施。河流阶地地区宜采用双排或三排搅拌桩对基坑进行封闭同时兼做支护的地下水封闭措施。

目前城市建设正向地下空间迅速发展，降水带来的水资源浪费已经成为焦点，北京长安街上×大厦，从基坑开挖至结构施工到满足抗浮要求，抽水周期超过 1 年，抽水量达 378 万 t，相当于全北京居民 2 d 的用水量。

深基坑开挖应用封闭降水技术，减少地下水的消耗，节约水资源。北京现用法规规范，推行限制降水技术，为全国绿色施工做了榜样。

四、应用实例

2008 年动工的北京中关村朔黄大厦工程：基坑面积约 5 000m²，基坑深度 17 m，原计划采用管井降水，计算 90 d 涌水量 2.48 万 t，后采用旋喷桩止水帷幕工艺，在基坑内配置疏干井，将上部潜水引入下层，全工程未抽取地下水。而附近 400 m 左右的另一个工程，同时开工，抽水周期 8 个月，粗略计算共抽取地下水 8 万 t，相当于 500 户居民 1 年的用水量。

成功应用封闭降水的工程还有：天津地区中钢天津响锣湾项目、北京地区协和医院门诊楼及手术科室楼工程、上海轨道交通 10 号线一期工程、太原名都工程、深圳地铁益田站、广州地铁越秀公园站基坑工程、河北曹妃甸首钢炼钢区地下管廊工程、福州茶亭街地下配套交通工程等。

五、经济效益与社会效益

经济和社会发展对水资源的需求，远远超过其承载能力。如城市地面沉降、河道干枯、井泉枯竭、水质污染、植被退化等。

中国城市建筑向密集化发展，地下结构也越来越深，建筑业呈现出不断扩张的势头，将会带来更多的施工过程中水的浪费，对城市生态环境的破坏日益严重。

应用封闭降水技术，能减少工程施工对地下水的过度开采和污染，有利于保护生态环境。

第二节　施工过程回水利用技术

一、国内外发展概况

淡水资源仅占地球上总水源的 2%。2005 年，发展中国家近 1/3 的人口将居住在严重缺水的地区。随着经济发展和人口持续增加，水资源缺乏，地下水严重超采，水务基础设施建设相对滞后，再生水利用程度低等，水资源供需矛盾更加突出。

一些国家较早认识到施工过程中的水回收、废水资源化的重大战略意义，为开展回收水再生利用积累了丰富的经验。美国、加拿大等国家的回收水再利用实施法规涵盖了实践的各个方面，如回收水再利用的要求和过程、回收水再利用的法规和环保指导性意见。目前，我国在水回收利用方面还没有专门的法规，只有节约用水方面的规定，如《中华人民共和国水法》提出了提高水的重复利用率、鼓励使用再生水、提高污水、废水再生利用率的原则规定。

施工工程水的回收利用技术应用，国内还没有专门的法规。

二、主要技术内容和措施

1. 基坑施工降水回收利用技术

基坑施工降水回收利用技术，一是利用自渗效果将上层滞水引渗至下层潜水层中，可使大部分水资源重新回灌至地下的回收利用技术；二是将降水所抽水集中存放，用于生活用水中洗漱、冲刷厕所及现场洒水控制扬尘，经过处理或水质达到要求的水体可用于结构养护用水、拌制砂浆、水泥浆和混凝土以及现场砌筑。

2. 技术措施

（1）现场建立高效洗车池

现场设置一个高效洗车池，其主要包括蓄水池、沉淀池和冲洗池三部分。将降水井所抽出的水通过基坑周边的排水管汇集到蓄水池，可用于冲洗运土车辆。冲洗完的污水经预先的回路流进沉淀池（定期清理沉淀池，以保证其较高的使用率）。沉淀后的水可再流进蓄水池，用作洗车。

（2）设置现场集水箱

根据相关技术指标测算现场回收水量，制作蓄水箱，箱顶制作收集水管入口，与现场降水水管连接，并将蓄水箱置于固定高度（根据所需水压计算），回收水体通过水泵抽到蓄水箱，用于现场部分施工用水。

三、适用范围和应用前景

适用于地下水位较高的地区。

我国的建筑施工面积逐年增加，但多数工地对于基坑中的水没有回收利用，对地下水资源是个浪费。基坑降水回收利用具有广阔的前景。

四、应用实例

国家游泳中心在降水施工时，对方案进行了优化，减少地下水抽取，充分利用自渗效果将上层潜水引渗至较深层潜水水中，使一大部分水资源重新回灌至地下。施工现场还设置了喷淋系统，将所抽水体集中存放于水箱中，然后将该水用于喷淋扬尘。现场喷射混凝土用水、土钉孔灌注水泥浆液用水以及混凝土养护用水、砌筑用水、生活用水等均使用地下水等，有效防止了水资源的浪费。

典型工程还有北京清华大学环境能源楼工程、北京市威盛大厦工程、中石化办公大楼工程、微软研发集团总部工程、中关村金融中心等。

五、经济效益与社会效益

基坑施工降水回收利用技术，使大部分水资源重新回灌至地下，并把回收水用于现场施工用水，对生态环境的保持起到了良好的作用。采用回收再利用的地下水，不仅降低了工程成本，而且节约了水资源，取得了很好的经济效益和社会效益。

附：雨水回收利用技术

雨水回收利用技术是指在施工过程中将雨水收集后，经过雨水渗蓄、沉淀等处理，集中存放，用于施工现场降尘、绿化和洗车等工序和操作方法。经过处理的雨水可用于结构养护用水等。

施工现场用水应有 20% 来源于雨水和生产废水等回收。

在现场施工临时道路两旁设置引水管和沉淀池，沉淀池的水引入蓄水池，蓄水池的大小根据工地的实际情况和实际需要确定；如果工程投入使用后仍有雨水回收系统，应将临时雨水回收系统与设计结合，蓄水池可先行施工使用，以减少施工成本。

目前，我国施工过程中雨水利用率较少，如果能够充分利用雨水，将有利于保护环境。

第三节　外墙自保温体系施工技术

一、基本原理

墙体自保温体系是指以蒸压加气混凝土、陶粒增强加气砌块和硅藻土保温砌块（砖）等制成的蒸压粉煤灰砖、蒸压加气混凝土砌块和陶瓷砌块等为墙体材料，辅以节点保温构造措施的自保温体系，即可满足夏热冬冷地区和夏热冬暖地区节能 50%的设计标准。

二、主要技术内容及适用范围

1．主要技术内容

由于砌块是多孔结构，其收缩受湿度、温度影响大，干缩湿胀的现象比较明显，墙体上会产生各种裂缝，严重的还会造成砌体开裂。

要解决上述质量问题，必须从材料、设计、施工多方面共同控制，针对不同的季节和不同的情况，进行处理控制。

（1）砌块在存放和运输过程中要做好防雨措施。使用中要选择强度等级相同的产品，应尽量避免在同一工程中选用不同强度等级的产品。

（2）砌筑砂浆宜选用黏结性能良好的专用砂浆，其强度等级应不小于 M5，砂浆应具有良好的保水性，可在砂浆中掺入无机或有机塑化剂。有条件的应使用专用的加气混凝土砌筑砂浆或干粉砂浆。

（3）为消除主体结构和围护墙体之间由于温度变化产生的收缩裂缝，砌块与墙柱相接处，须留拉结筋，竖向间距为 500～600 mm，压埋 $2\phi 6$ 钢筋，两端伸入墙体内不小于800 mm；另每砌筑 1.5 m 高时应采用 $2\phi 6$ 通长钢筋拉结，以防止收缩拉裂墙体。

（4）在跨度或高度较大的墙中设置构造梁柱。一般当墙体长度超过 5 m 时，可在中间设置钢筋混凝土构造柱；当墙体高度超过 3 m（≥120 mm 厚墙）或 4 m（≥180 mm 厚墙）时，可在墙高中腰处增设钢筋混凝土腰梁。构造梁柱可有效地分割墙体，减少砌体因收缩变形产生的叠加值。

（5）在窗台与窗间墙交接处是应力集中的部位，容易受砌体收缩产生裂缝，因此，宜在窗台处设置钢筋混凝土现浇带以抵抗变形。此外，在未设置圈梁的门窗洞口上部的边角处也容易产生裂缝和空鼓，此外宜圈梁取代过梁，墙体砌至门窗过梁处，应停一周后再砌以上部分，以防应力不同造成八字缝。

（6）外墙墙面水平方向的凹凸部位（如线角、雨罩、出檐、窗台等）应做泛水和滴水，以避免积水。

2．适用范围

适用范围为夏热冬冷地区和夏热冬暖地区外墙、内隔墙和分户墙。适用于高层建筑的填充墙和低层建筑的承重墙。如作为多层住宅的外墙、作为框架结构的填充墙、各种体系的非承重内隔墙等。

加气混凝土砌块之所以在世界各地得到广泛采用和发展，并受到我国政府的高度重视，是因为它具有一系列的优越性。废渣加气混凝土砌块作为建筑加气混凝土砌块中的新型产品，比普通加气混凝土砌块更具环保优势，具有良好的推广应用前景。

应用实例有：广州发展中心大厦、广州凯旋会、北京丰台世嘉丽晶小区、中国建筑文化中心、科技部节能示范楼、京东方生活配套楼等。

第四节　粘贴式外墙外保温隔热系统施工技术

一、国内外发展概况

外墙外保温技术是随着建筑节能要求的不断提高而发展的。20 世纪 40 年代瑞典将钢丝网增强的水泥——石灰抹灰砂浆抹在密度较高的矿棉板上对外墙进行保温处理，当时的研究结果表明 3～4 英寸的保温层可以节约大约 30% 的住宅取暖能耗。1947 年德国开发了膨胀聚苯板（EPS），这种轻质高效的保温材料与水泥砂浆具有优异的匹配性，用这种材料开发的外墙外保温系统可以迅速容易地用于被战争损坏和未进行保温处理的建筑物，因此在德国得以较多的应用，并开始进入其他的欧洲国家，并在 60 年代后期被引入北美。

20 世纪 70 年代，世界第一次石油危机引发了欧美等发达国家的能源短缺，德国于 1977 年 8 月 11 日颁布了第一版《建筑保温法规》，该法规主要针对新建建筑的散热损失，规定了各部位的具体传热系数值，法规的颁布进一步推动了外墙外保温的应用。20 世纪 80 年代中期，欧洲一些国家对既有建筑外保温工程实施了政府补贴减税等政策。

中国外墙外保温系统的研究和应用始于 20 世纪 90 年代初，北京中建研究院与英国建研署合作项目开始了中国外墙外保温的发展之路。从 20 世纪 90 年代中期开始，随着中国建筑节能工作的不断推进，在学习和引进国外先进技术的基础上，我国的外墙外保温技术得到了长足的发展，1998 年北京市颁布了国内第一部外墙外保温地方技术规程。

2004 年原建设部根据国内几种主要的外墙外保温做法颁布了《外墙外保温技术规程》（JGJ 144—2004），同时还制定了相关的产品标准和设计图集，为规范和引导外保温市场起到了相当大的推动作用。但由于我国区域辽阔，涉及 5 个不同的气候分区，因此外墙保温叶呈现不同的地域特点，在南方特别是夏热冬暖地区，墙体自保温和外墙内保温应用还有较大的应用空间，但在北方采暖区，为更好地降低冬季采暖能耗，外墙外保温已成为最主要的保温做法。以北京为例，在新建住宅建筑和既有建筑的节能改造中（除特殊情况外），外墙均将采用外墙外保温做法。

二、基本原理与概念

外墙外保温系统是由保温层、保护层和固定材料（胶黏剂锚固件等）构成，并且适用于安装在外墙外表面的非承重保温构造总称。

目前国内应用最多的外墙外保温系统从施工做法上可分为粘贴式、现浇式和喷涂式及预制式等几种主要方式。其中粘贴式做法的保温材料包括模塑聚苯板（EPS 板）、挤塑聚苯板（XPS 板）、矿物棉板（MW 板，以岩棉为代表）、硬泡聚氨酯板（PU 板）、酚醛树脂板（PF 板）等，在国内也被称为薄抹灰外墙外保温系统或外墙保温复合系统，这些材料中又以模塑聚苯板的外保温技术最为成熟，应用也最为广泛。

1．粘贴聚苯乙烯泡沫塑料板外保温系统

（1）主要技术内容

粘贴聚苯乙烯泡沫塑料板外保温系统，是指将燃烧性能为 B2 级以上的聚苯乙烯泡沫塑料板粘贴于外墙外表面，在保温板表面涂抹抹面胶浆并铺设增强网，然后做饰面层的施工技术。聚苯板与基层墙体的连接有粘接和粘锚结合两种方式。保温板为模板聚苯板（EPS 板）或挤塑聚苯板（XPS 板），见图 5-1。

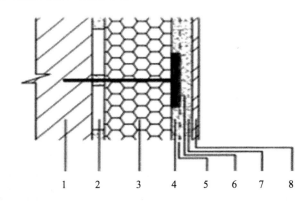

1. 混凝土墙、各种砌体墙；2. 聚苯板胶黏剂；3. 模塑或挤塑聚乙烯泡沫板；4. 抹面砂浆；

5. 耐碱玻璃纤维网格布或镀锌钢丝网；6. 机械锚固件；7. 抹面砂浆；8. 涂料、饰面砂浆或饰面砖等

图 5-1　粘贴保温板外保温系统示意图

（2）系统主要特点

1）保温板导热系数小且稳定，工厂加工的板材质量好、厚度偏差小，外保温系统保温性能有保证。

2）与配套的聚合物水泥砂浆拉伸粘结强度能稳定满足大于等于 0.1MPa，克服自重和负风压的安全系数大。再有机械锚固件辅助连接，连接安全有把握。

3）吸水量低、柔韧性好（压折比≤3），增强网耐腐蚀，局部有采用加强网，因而防护层抗裂性能优异。

4）该做法对不同结构墙体和基面适应性好，可把 EPS 方便加工成各种装饰线条，外饰面选择范围宽。

5）适用于新建建筑和既有房屋节能改造，施工方便，工期短，对住户生活干扰小。

6）必须保证相关标准规定的粘接面积率，这是连接安全的前提。

7）增强网的耐腐蚀性能是系统耐久性的关键之一，进场复验时一定要把好关。

8）保温材料是可燃材料（燃烧等级 B2 级），用于高层建筑时，应按设计要求采取防火隔离措施。

（3）主要技术措施

1）放线：根据建筑立面设计和外保温技术要求，在墙面弹出外门窗口水平、垂直控制线及伸缩缝线、装饰线条、装饰缝线等。

2）拉基准线：在建筑外墙大角（阳角、阴角）及其他必要处挂垂直基准钢线，每个楼层适当位置挂水平线，以控制聚苯板的垂直度和平整度。

3）XPS 板背面涂界面剂：如使用 XPS 板，系统要求时应在 XPS 板与墙的粘结面上涂刷界面剂，晾置备用。

4）配聚苯板胶黏剂：按配置要求，严格计量，机械搅拌，确保搅拌均匀。一次配制量应少于可操作时间内的用量。拌好的料注意防晒避风，超过可操作时间后不准使用。

5）粘贴聚苯板：排板按水平顺序进行，上下应错缝粘贴，阴阳角处做错茬处理；聚苯板的拼缝不得留在门窗口的四角处。当基面平整度小于等于 5 mm 时宜采用条粘法，大于 5 mm 时宜采用点框法；当设计饰面为涂料时，粘结面积率不小于 40%；设计饰面为面砖时粘结面积率不小于 50%。

6）安装锚固件：锚固件安装应至少在聚苯板粘贴 24 h 后进行。打孔深度依设计要求。拧入或敲入锚固钉。

设计为面砖饰面时，按设计的锚固件布置图的位置打孔，塞入胀塞套管。如设计无要求当涂料饰面时，墙体高度在 20～50 m 时，不宜小于 4 个/m^2，50 m 以上或面砖饰面不宜少于 6 个/m^2。

7）XPS 板涂界面剂：如使用 XPS 板，系统要求时应在 XPS 板面上涂刷界面剂。

8）配抹灰砂浆：按配制要求，做到计量准确，机械搅拌，确保搅拌均匀。一次配制量应少于可操作时间内的用量。拌好的料注意防晒避风，超过可操作时间后不准使用。

9）抹底层抹面砂浆：聚苯板安装完毕 24 h 且经检查验收后进行。在聚苯板面抹底层抹面砂浆，厚度 2～3 mm。门窗口四角和阴阳角部位所用的增强网格布随即压入砂浆中。采用钢丝网时厚度为 5～7 mm。

10）铺设增强网：对于涂料饰面采用玻纤网格布增强，在抹面砂浆可操作时间内，将网格布绷紧后贴于底层抹面砂浆上，用抹子由中间向四周把网格布压入砂浆中，要平整压实。严禁网格布褶皱。铺贴遇有搭接时，搭接长度不得少于 80 mm。

设计为面砖饰面时，宜用后热镀锌钢丝网，将锚固钉（附垫片）压住钢丝网拧入或敲入胀塞套管，搭接长度不少于 50 mm，且保证 2 个完整网格的搭接。

如采用双层玻纤网格布做法，在固定好的网格布上抹抹面砂浆，厚度 2 mm 左右，然后按以上要求再铺设一层网格布。

11）抹面层抹面砂浆：在底层抹面砂浆凝结前抹面层抹面砂浆，以覆盖网格布、微见网格布轮廓为宜。抹面砂浆切忌不停揉搓，以免形成空鼓。

12）外饰面作业：待抹面砂浆基面达到饰面施工要求时可进行外饰面作业。

外饰面可选择涂料、饰面砂浆、面砖等形式。具体施工方法按相关饰面施工标准进行。

选择面砖饰面时，应在样板件检测合格、抹面砂浆施工 7 d 后，按《外墙饰面砖工程施工及验收规程》（JGJ 126—2000）的要求进行。

2. 外墙外保温岩棉（矿棉）系统

（1）主要技术内容及特点

外墙外保温岩棉（矿棉）系统是指用胶黏剂将岩（矿）棉板粘贴于外墙外表面，并用专用岩棉锚栓将其锚固在基层墙体，然后在岩（矿）棉板表面抹聚合物砂浆并铺设增强网，然后做饰面层，其特点除了与粘贴聚苯乙烯泡沫塑料板系统相同的地方外，防火性能好，但成本较高。基本构造，见图 5-2。

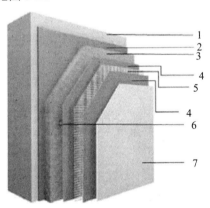

1. 基层墙体；2. 胶黏剂；3. 岩（矿）棉；4. 抹面胶浆；5. 增强网；6. 锚栓；7. 外饰面

图 5-2　岩（矿）棉外保温系统基本构造

（2）技术指标与技术措施

该系统应符合《外墙外保温工程技术规程》（JGJ 144—2004）和《建筑用岩棉、矿渣棉绝热制品》（GB/T 19686—2005）要求。技术要求，见表 5-1。

外墙外保温岩棉（矿棉）系统的技术措施：参见粘贴聚苯乙烯泡沫塑料板外保温系统。

（3）适用范围与应用前景

适用于底层、多层和高层建筑的新建或既有建筑节能改造的外墙保温，适宜在严寒、寒冷地区和夏热冬冷地区，不适宜采用面砖饰面。

由于其独特的防火性能，在高层建筑中很大的发展空间。

应用实例：天津华琛散热器厂节能示范楼工程等。

表 5-1 岩（矿）棉保温板外保温系统技术要求

项目	性能要求
抗冲击强度/J	普通型≥2 加强型≥10
吸水量/（g/m²）	≤1 000，当≤500 时可不做耐冻融测试
耐冻融/kPa	30 次冻融循环后表面无裂纹、空鼓、起泡、剥离现象。抹面胶浆与岩棉板之间的拉伸粘结强度≥80，或断裂在岩棉板内
水蒸气渗透当量 空气层厚度/m	带有全部保护层的系统水蒸气渗透当量空气层厚度 Sd 值≤1
耐候性/kPa	80 次热-雨及 5 次正负温循环后表面无裂纹、粉化、剥落现象。抹面胶浆与岩棉板之间的拉伸粘结强度≥80，或断裂在岩棉板内
抗风压	动态风荷载试验值不小于工程项目的风荷载设计值

第五节　TCC 建筑保温模板系统施工技术

TCC 建筑保温模板体系，是以传统的剪力墙施工技术为基础，结合当今国内外各种保温施工体系的优势技术而研发出的一种保温与模板一体化保温模板体系。该体系将保温板辅以特制支架形成保温模板，在需要保温的一侧代替传统模板，并同另一侧的传统模板配合使用，共同组成模板体系。混凝土浇筑并达到拆模强度后，拆除保温模板支架和传统模板，结构层和保温层即成型。

一、主要技术内容及特点

该技术将保温板辅以特制支架形成保温模板，在需要保温的一侧代替传统模板，并同另一侧的传统模板配合使用，共同组成模板体系。模板拆除后结构层和保温层即成型，其基本构造，见图 5-3。

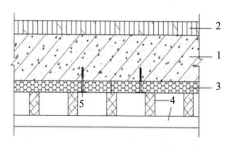

1. 混凝土墙体；2. 无需保温一侧普通模板及支撑；3. 保温板；4. TCC 保温模板支架；5. 锚栓

图 5-3　TCC 建筑保温模板体系构造图

TCC 建筑保温模板系统的特点在于保温板可代替一侧模板，可节省部分模板制作费用，保温板安装与结构同步进行可以缩短装修工期，缺点在于保温板作为模板的一部分对于保温板的强度要求较高且由于混凝土侧压力的影响，不易保证保温板的平整度，同时出现浇混凝土结构外不适用于其他结构类型的建筑施工。

1．主要技术内容

1）保温板厚度应根据节能设计确定。

2）保温板弯曲性能能够通过本技术规定的试验方法确定，应选用弯曲性能合格的保温板，推荐采用 XPS 板。

3）保温板采用锚栓同混凝土层连接。

4）保温板排版设计应和保温模板支架设计结合，确保保温板拼缝处有支架支撑。

5）须设计墙体不需要保温的一侧的模板，使之与保温模板配合使用；如果设计为两侧保温，则墙体两侧均采用保温模板。

2．主要特点

1）保温模板代替传统模板，省去了部分模板使用。

2）保温层同结构层同时成型，节省了工期和费用，保证了质量。

3）保温层只设置在需要保温的一侧，不需要双侧保温就实现了保温与模板一体化的施工工艺。

4）操作简便，在对传统的剪力墙结构性能和施工工艺没有改变的前提下，实现了保温与模板一体化施工，易于推广使用。

二、技术指标与技术措施

1．技术指标

1）保温材料：XPS 挤塑聚苯乙烯板，厚度根据设计要求。

2）保温性能：按设计要求。

3）安装精度要求：同普通模板，见《混凝土结构工程施工质量验收规范》（GB 50204—2002）。

2．技术措施

1）根据设计选择保温厚度。

2）通过试验测试保温板的弯曲性能。

3）根据墙体尺寸对保温进行排版设计。

4）根据弯曲性能测试结果和保温板排版设计保温模板。

5）设计墙体不需要保温的一侧的模板，使之与保温模板配合使用。

6）在保温板上安装锚栓，然后将保温板固定在钢筋骨架上。

7）安装保温模板支架和另一侧普通模板。完成模板支架和加固。

8）浇筑混凝土。

9）混凝土养护成型后，拆除保温模板支架和普通模板，此时保温层同结构层均已成型。

10）保护层面施工。

三、适用范围与应用前景

适用于有节能要求的新建剪力墙结构建筑。

建筑节能作为一种强制性法规在全国大部分地区贯彻实施。本技术在不改变传统墙体结构受力形式和施工方法的前提下，实现了保温与模板一体化的施工工艺，不仅能够很好地满足建筑节能的要求，而且具有施工快捷、成本节省等优点，与目前国内的其他保温施工体系比较，具有明显的优越性。

TCC 建筑保温模板系统施工技术是在充分吸收国内外各种保温施工体系成果的基础上，结合国内市场研制出的一种先进的保温施工体系。该体系吸收了国外保温施工体系的两个先进的理念：一是保温层同结构层同时成型，二是保温板兼作模板，实现了保温与模板一体化施工。该技术为我国引进国外先进建筑施工技术提供了范例。

第六节 现浇混凝土外墙外保温施工技术

现浇混凝土外墙外保温系统是指在墙体钢筋绑扎完毕后，浇灌混凝土墙体前，将保温板置于外模内侧，浇灌混凝土完毕后，保温层与墙体有机地结合在一起。聚苯板一般采用 EPS 或 XPS 板。当采用 XPS 时，表面应做拉毛、开槽等加强粘结性的处理，并涂刷配套的界面剂。

一、现浇混凝土外墙外保温体系

现浇混凝土外墙外保温体系，按聚苯板与混凝土的连接方式不同可分有网体系和无网体系。

1. 有网体系

外表面有梯形凹槽和带斜插丝的单面钢丝网架聚苯板（EPS 或 XPS），在聚苯板内外表面及钢丝网架上喷涂界面剂，将带网架的聚苯板安装于墙体钢筋之外，用塑料锚栓穿过聚苯板与墙体钢筋绑扎，安装内外大模板，浇灌混凝土墙体，拆模后有网聚苯板与混凝土墙体连接成一体。

2. 无网体系

采用内表面带槽的阻燃型聚苯板（EPS 或 XPS），聚苯板内外表面喷涂界面剂，安装于墙体钢筋之外，用塑料锚栓穿过聚苯板与墙体钢筋绑扎，安装内外大模板，浇灌混凝土墙体，拆模后聚苯板与混凝土墙体连接成一体。

现浇混凝土外墙保温系统的特点在于由于受混凝土侧压力的影响，不易保证保温板的平整度，同时出现浇混凝土结构外不适于其他结构类型的建筑施工，有网体系适用于面砖饰面，而无网体系适用于涂料饰面。

二、技术指标与技术措施

1．技术指标

该系统应符合《外墙外保温工程技术规程》（JGJ 144—2004）和《现浇混凝土复合膨胀聚苯板外墙外保温技术要求》（JG/T 228—2007）要求。

2．技术措施

1）保温板与墙体必须连接牢固，安全可靠，有网体系板、无网体系板面附加锚固件可用塑料锚栓，锚入混凝土内长度不得小于 50 mm，并将螺丝拧紧，使尾部全部张开。后挂网体系采用钢塑复合插接锚栓或其他满足要求的锚栓。

2）保温板与墙体的粘结强度应大于保温板本身的抗拉强度。有网体系、后挂钢丝网体系保温板内外表面及钢丝网，无网体系保温板内外表面应涂刷界面剂（砂浆）。

3）有网体系板与板之间垂直缝表面钢丝之间应用镀锌钢丝绑扎，间距小于等于150 mm，或用宽度不小于 100 mm 的附加网片左右搭接。无网体系板与板之间的竖向高低槽宜用苯板胶粘结。

4）窗口外侧四周墙面，应进行保温处理，做到既满足节能要求，避免"热桥"，又不影响窗户开启。

5）有网体系膨胀缝和装饰分格缝处理。保温板上的分缝有两类：一类为膨胀缝，保温板和钢丝网均断开中间放入泡沫塑料棒，外表嵌缝膏嵌；另一类为装饰分格缝，即在抹灰层上做分格缝。在每层层间水平分层处宜留膨胀缝，层间保温板和钢丝网均应断开，其间嵌入泡沫塑料棒，外表用嵌缝油膏嵌缝。垂直缝一般设装饰分格缝其位置宜按墙面面积留缝；在板式建筑中宜小于等于 30 m^2，在塔式建筑中应视具体情况而定，一般宜留在阴角部位。

6）无网体系膨胀缝和装饰分格缝处理。在每层间宜留水平分层膨胀缝，其间嵌入泡沫塑料棒，外表用嵌缝油膏嵌缝。垂直缝一般设装饰分格缝，其位置宜按墙面面积留缝；在板式兼职中宜小于等于 30 m^2，在塔式建筑中应视具体情况而定，一般宜留在阴角部位。装饰分格缝保留板不断开，在板上开槽镶嵌入塑料分隔条。

三、适用范围与应用前景

适用于低层、多层和高层建筑的现浇混凝土外墙，适宜在严寒、寒冷地区和夏热冬冷地区采用。

第七节　硬泡聚氨酯外墙喷涂保温施工技术

外墙硬泡聚氨酯喷涂系统是指将硬质发泡聚氨酯喷涂到外墙表面，并达到设计要求的厚度，然后作界面处理、抹胶粉聚苯颗粒保温浆料找平，薄抹抗裂砂浆，铺设增强网，再做饰面层。

一、技术特点

外墙硬泡聚氨酯喷涂系统的技术特点：

1）聚氨酯导热系数低，实测值仅为 0.018～0.024 W/（m·K），是目前常用的保温材料中保温性能最好的。

2）直接喷涂于墙体基面的聚氨酯有很强的自粘结强度，与各种常用的墙体材料如混凝土、木材、金属、玻璃都能很好粘结。

3）现场喷涂，对基面形状适应性好，不需要机械锚固件辅助连接。施工具有连续性，整个保温层无接缝。

4）比聚苯板耐老化，阻燃、化学稳定性好。聚氨酯硬泡体在低温下不脆裂，高温下不流淌、不粘连、能耐温 120℃。燃烧中表面炭化，无熔滴。耐弱酸、弱碱侵蚀。

5）现场喷涂的聚氨酯硬泡体质量受施工环境的影响很大，如温度、基面湿度、风力等，对操作人员的技术水平要求严格。

6）喷涂发泡后聚氨酯表面不易平整。

7）施工时遇风会对周围环境产生污染。

8）造价较高。

二、技术指标与技术措施

外墙硬泡聚氨酯喷涂系统的技术指标，见表 5-2。

表 5-2　外墙喷涂硬泡聚氨酯系统技术指标

试验项目		性能指标	
耐候性		不得出现开裂、空鼓或脱落。抗裂防护层与保温层的拉伸粘结强度不应小于 0.1 MPa，破坏界面应位于保温层	
浸水 1 h 吸水量/（g/m²）		≤1 000	
抗冲击强度/（J/m²）	C 型	普通型（单网）	3 冲击，合格
		加强型（双网）	10 冲击，合格
	T 型	3 冲击，合格	
抗风压值		不小于工程项目的风荷载设计值	

试验项目	性能指标
耐冻融	严寒及寒冷地区 30 次循环、夏热冬冷地区 10 次循环表面无裂纹、空鼓、起泡、剥离现象
水蒸气湿流密度/[g/（m²·h）]	≥0.85
不透水性	试样防护层内侧无水渗透
耐磨损，500L 砂	无开裂，龟裂或表面保护层剥落、损伤
系统抗拉强度（C 型）/MPa	≥0.1 并且破坏部位不得位于各层界面
饰面砖粘结强度（T 型）/MPa（现场抽测）	≥0.4
抗震性能（T 型）	设防烈度等级地震作用下面砖饰面及外保温系统无脱落

三、外墙硬泡聚氨酯喷涂系统的技术措施

1）喷涂施工时的环境温度宜为 10～40℃，风速应不大于 5 m/s（3 级风），相对湿度应小于 80%，雨天不得施工。当施工环境温度低于 10℃时，应采用可靠的技术措施保证喷涂质量。

2）喷枪头距作业面的距离应根据喷涂设备的压力进行调整，不宜超过 1.5 m；喷涂时喷枪头移动的速度要均匀。在作业中，需确认上一层喷涂的聚氨酯硬泡表面不粘手后，才能喷涂下一层。

3）喷涂后的聚氨酯硬泡保温层应充分熟化 48～72 h 后，再进行下道工序的施工。

4）喷涂后的聚氨酯硬泡保温层表面平整度允许偏差不大于 6 mm。

5）在用抹面胶浆等找平材料找平喷涂聚氨酯硬泡保温层时，应立即将裁好的玻纤网布（或钢丝网）用铁抹子压入抹面胶浆内，相邻网布（或钢丝网）搭接宽度不小于 100 mm；网布（钢丝网）应铺贴平整，不得有皱褶、空鼓和翘边；阳角处应做护角。

6）喷涂施工作业时，门窗洞口及下风口宜做遮蔽，防止泡沫飞溅污染环境。

7）喷涂后在进行下道工序施工之前，聚氨酯硬泡保温层应避免雨淋，遭受雨淋的应彻底晾干后方可进行下道工序施工。

8）聚氨酯硬泡外墙外保温工程施工，不得损害施工人员身体健康，施工时应做好施工人员的劳动保护，对于喷涂法施工或浇筑法施工尤其要注意这一点。

9）聚氨酯硬泡外墙外保温工程施工，不得造成环境污染，必要时应作施工围护。

四、使用范围与应用前景

适用于各类气候区域建筑按设计需要保温、隔热和新建、扩建、改建的各类高度的住宅建筑和非幕墙建筑，基层墙体可以是混凝土或各种砌体结构。

第八节 铝合金窗断桥技术

外门窗的能耗仅次于外墙,一般情况下外门窗的能耗在建筑能耗中所占比例大于30%。究其原因,一是门窗的导热系数高于墙体;二是建筑的现代化带来了门窗面积的增加。冬季增加采暖的能耗,夏季增加空调的负荷。主要途径:改用传热系数小的框料以及阻断热桥,减少门窗的热量消耗;改善门窗的制作安装工艺,减少空气渗透。外门窗是建筑节能的关键部位,而材料又是外门窗节能工程的物质基础。

一、国内外发展概述

铝合金窗于20世纪70年代初传入我国时,仅在外国驻华使馆及少数涉外工程中使用。改革开放初期,我国大批量地进口了日本、德国、荷兰以及中国香港及台湾等地铝门窗和建筑铝型材制品,用于深圳特区、广东、北京、上海等地"三资"工程建设和旅游宾馆项目建设。铝合金窗以抗风性、抗空气渗透、耐火性好而被建筑工程广泛采用。

铝的热传导系数高,在冷热交替的气候条件下,如果不经过断热处理,普通铝合金门窗的保温性能将很差。目前,铝合金门窗一般采用断热型材。断热型材的技术起源于美国,1937年10月诞生了第一个描述铝合金材料如何被进行隔热处理的专利,它的主要思路是将一种类似密封蜡的混合物浇筑到门窗用铝材的中间来进行隔热。1952年又发布了另一个用粘结或机械力压紧的方法将某种未成型的高分子绝热聚合物固定在铝合金型材专用的断热槽中的专利,这种方法就是今天浇筑式技术的雏形。20世纪80年代初,法国研制开发了采用嵌条辊压的技术,通过传入的隔热条(尼龙66材料)把铝合金型材的热桥断开,实现铝合金型材的节能效果。目前在欧美等国断桥铝门窗已同木、塑门窗一样成为建筑门窗的主要形式之一。

断桥铝门窗断桥技术在我国起步于20世纪80年代。在小批量试生产和工程试验中,积累了一定经验。但由于型材价位偏高、国产断热化学建材原料供应不足,推广、应用没有形成气候。

"九五"期间,我国自行开发研制的55、88系列节能环保型铝门窗已在各地推广应用,填补了国内空白,增加了节能型建筑门窗品种系列。近年来,断桥铝合金门窗在严寒和寒冷地区的市场占有率逐年攀升,以北京为例,在商品房项目中的断桥铝合金门窗实际安装使用率已达46%。

断桥铝合金窗指采用隔热断桥铝型材、中空玻璃、专用五金配件、密封胶条等辅件制作而成的节能型窗。主要特点是采用断热技术将铝型材分为室内、外两部分,采用的断热技术包括穿条式和浇筑式两种,其构造见图5-4。

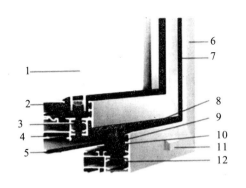

1. 中空玻璃；2. 压条；3. 隔热材料；4. 窗扇；5. 防尘胶条；6. 固定框；

7. 气槽；8. 耐候胶条；9. 外半腔；10. 内半腔；11. 出水口 12. 隔热材料

图5-4　断热型材（穿条式和浇注式）

二、断桥铝合金窗特点

1) 保温隔热性好。断桥铝型材热工性能远优于普通铝型材，其传热系数 K 值可到 3.0 W/(m².K)以下，采用中空玻璃后外窗的整体 K 值可在 2.8W/(m².K)以下，采用 LOW-E 玻璃 K 值更可低至 2.0 W/（m².K）以下，节能效果显著。

2) 隔声效果好。采用厚度不同的中空玻璃结构和隔热断桥铝型材空腔结构，能够有效降低声波的共振效应，阻止声音的传递，可以降低噪声 30 dB 以上。

3) 耐冲击性能好。外窗外表面为铝合金材料，硬度高，刚性好。

4) 气密性、水密性好。型材中利用压力平衡原理设计有结构排水系统，加上良好的五金和密封材料，可获得优异的气密性和水密性。

5) 防火性能好。其型材铝合金为金属材料，其防火性能要优于塑料和木门窗。

6) 无毒无污染，易维护，可循环利用。

三、技术指标与技术措施

1. 技术指标

技术指标，主要是指对断桥铝窗在安全、节能和使用功能三个方面的考核。

（1）安全性能

安全性能是建筑门窗第一重要指标，主要表现为抗风压性能和水密性能等方面。

建筑窗户在使用过程中承受各种荷载，如风荷载、自重荷载、温差作用荷载和地震荷载等，应根据实际情况选择以上荷载的最有利组合。

窗体的安全性能主要表现在两个方面：其一是框扇在正常使用情况下不失效，推拉扇必须有可靠的防脱落措施，平开扇安装必须牢固可靠，高层建筑应限制使用外平开窗。要根据受荷载情况和支撑条件采用结构力学弹性方法，对窗体结构的强度和刚度进行设计计算，对框扇连接锁固配件强度进行设计计算，对窗体安装进行强度和刚度的设计计算；其二是窗体的锁闭应安全可靠，在窗户结构不被破坏的情况下，窗体的锁闭机构应保证窗户不被从室外强行打开。

玻璃的安全性能：一是玻璃在正常使用情况下不破坏；二是如果玻璃在正常使用情况下破坏或意外损坏，应不对人体造成伤害或伤害最小。要根据受荷载情况和使用位置对玻璃的强度和刚度进行设计计算，进行玻璃防热炸裂和镶嵌设计计算。玻璃的选用、镶嵌和安装执行《建筑玻璃应用技术规程》（JGJ 113—2009）、《建筑用安全玻璃 第 1 部分：防火玻璃》（GB 15763.1—2009）等。

（2）节能性能

对于寒冷和严寒地区，主要是保温。在该地区获得足够采光性能条件下，需要控制窗户在没有太阳照射时减少热量流失，即要求窗户传热系数低；在有太阳光照射时合理得到热量，即要求窗户有高的太阳光获得系数。

对于夏热冬冷地区，室内空调的负荷主要来自太阳辐射，主要能耗也来自太阳辐射，隔热是主要问题。在该地区安装的窗户，主要的功能是在获得足够采光性能条件下，减少窗户阳光的得热量，即要求窗户有低的遮阳系数和太阳光获得系数。

夏热冬冷地区不同于寒冷严寒地区和夏热冬暖地区，主要考虑单向的传热过程，既要满足冬季保温又要考虑夏季的隔热。该地区的门窗既要求有低的传热系数，又要求有低的遮阳系数。

对于任何地区，窗户的气密性能都是非常重要的，寒冷和严寒地区冬季建筑保温能耗中由窗户缝隙冷空气渗透造成的能耗约占窗户能耗的一半，影响居住舒适度并且容易结露，因此对于严寒地区外窗的气密性等级不低于《建筑外门窗气密、水密、抗风压性能分级及检测方法》（GB/T 7106—2008）中规定的 6 级，寒冷地区 1～6 层的外窗气密性等级不低于 4 级，7 层及以上不低于 6 级。夏热冬暖地区窗户的气密性能主要影响夏季空调降温能耗，其气密性的要求同样要满足寒冷地区 1～6 层的外窗气密性等级不低于 4 级，7 层及以上不低于 6 级的规定。

由于不同地域气候差异，因此各地的外窗节能性能要求并不完全一致。按照建设事业"十一五"推广应用和限制禁止使用技术（第一批）的要求，对于断桥铝型材中空玻璃平开窗，其抗风压强度 $P \geqslant 2.5$ kPa，气密性 $q \leqslant 1.5$ m³/（m·h），水密性 $\Delta P \geqslant 250$Pa，隔声性能 $Rw \geqslant 30$ dB，传热系数 $K \leqslant 3.0$W/（m²·K），并符合当地建筑节能设计标准要求。

节能窗的设计与选用应遵照以下建筑节能国家和行业的标准和规范：

《民用建筑节能设计标准（采暖居住建筑部分）》（JGJ 26—95）、《夏热冬暖地区居住建筑节能设计标准》（JGJ 75—2003）、《夏热冬冷地区居住建筑节能设计标准》（JGJ 134—2010）、《公共建筑节能设计标准》（GB 50189—2005）、《建筑采光设计标准》（GB/T 50033—2001）、《民用建筑热工设计规范》（GB 50176—1993）等。

（3）使用功能

使用功能包括隔声、采光、启闭力、反复启闭性能等几个方面。

2．技术措施

断桥铝外窗要想满足上述性能，在技术措施上还应注意以下几个方面：

（1）窗型结构

目前国内建筑中常用的窗型，一般为推拉窗、平（悬）开窗和固定窗。

推拉窗是目前应用最多的一种窗型，其窗扇在窗框上下滑轨中开启和关闭，热、冷气对流的大小和窗扇上下空隙大小成正比，因使用时间的延长，密封毛条表面毛体磨损、窗上下空隙加大导致对流也加大，能量消耗更为严重。故推拉窗的结构不是理想的节能窗。

平（悬）开窗主要有内平（悬）开和外平（悬）开两种结构形式，平（悬）开窗的框与扇之间采用外中内三级阶梯密封，形成气密性和水密性两个各自独立的系统，水密系统开设排气孔、气压平衡孔，可使窗框、窗扇腔内雨水及时排出，而独立的气密系统可有效地保证窗户的气密性。这种窗型的热量流失主要是玻璃和窗体的热传导和辐射。从结构比较，平（悬）开窗要比推拉窗有明显的优势，是比较理想的节能窗，尤其是平开—悬开复合窗型具有更方便舒适的使用性能。

固定窗的窗框嵌在墙体内，玻璃直接安在窗框上。正常情况下，有良好的气密性，空气很难通过密封胶形成对流，因此对流热损失极少。固定窗是保温效果最理想的窗型。

为了满足窗户的节能要求和自然通风要求，应该将固定窗和平（悬）开窗复合使用，合理控制窗户开启部分与固定部分的比例；进一步开发新型门窗产品，比如呼吸窗、换气窗等。

（2）玻璃选择

窗户的玻璃约占整窗面积的80%，是窗户保温隔热的主体。普通透明玻璃对可见光和进红外波段具有很高的透射性，而对中远红外波段的反射率很低、吸收率很高，这就使得热能很快地从热的空间传递到冷的空间，不论是寒冷还是炎热地区，其保温隔热性能都极低。可以采用如下几种方法，提高玻璃的保温隔热性能：

1）选用低辐射镀膜玻璃（LOW-E玻璃）降低热辐射或控制太阳辐射

① 新近普及的低辐射镀膜玻璃（LOW-E）以其独特的光学特性，集优异的保温隔热性能、无反射光污染的环保性能、简单方便的加工性能于一体，为建筑节能领域提供了一种理想的节能玻璃产品。

② 在炎热气候地区，室内空调的主要能耗来自于太阳辐射，选用阳光控制低辐射镀膜玻璃，能有效地阻挡太阳光中的大部分近红外波辐射（太阳辐射）和室外中红外波辐射（热辐射），选择性透过可见光，降低遮阳系数，从而降低空调消耗。

③ 在寒冷气候地区，选用高透光低辐射镀膜玻璃，能有效阻止室内中红外波辐射，可见光透过率高且无反射光污染，对太阳辐射中的近红外波具有高透过性（可补充室内取暖能量），从而降低取暖能源消耗。

④ 中部过渡地区，选用合适的 LOW-E 玻璃，在寒冷时减少室内热辐射的外泄，降低取暖消耗；在炎热时控制室外热辐射的传入，节约制冷费用。

2）降低玻璃的传热系数

虽然玻璃的导热系数较低，但由于玻璃厚度很小，自身的热阻非常小，传热量十分可观，故应采用优质中空玻璃降低玻璃的传热系数，减小热传导。中空玻璃内密闭的空气或惰性气体的导热系数很低，具有优异的隔热性能，同时其热阻作用随内腔气体层厚度的变化而变化，在内腔没有增大到产生对流并成为通风道之前，玻璃间距越大，隔热性越好，但当内腔增大到出现对流时，隔热性反而降低，因此应尽可能合理确定玻璃间距，普通中空玻璃充灌氪气、氩气和空气的最佳间距分别是 9 mm、12 mm 和 15 mm，镀膜中空玻璃充灌氪气、氩气和空气的最佳间距分别为 9 mm、12 mm 和 12 mm。

氩气比空气的导热系数低可以减少热传导损失，氩气比空气密度大（在玻璃层间不流动）可以减少对流损失，氩气比较容易获得价格相对较低，因而中空玻璃内腔应优先选择充灌氩气。

另外还须注意的一点是玻璃间的隔条问题，采用非金属隔条（暖边隔条）的中空玻璃的传热系数低于金属隔条的中空玻璃，因为金属隔条起了明显的热桥作用，它使普通中空玻璃损失通过边部隔条整个热流的 7%左右，使镀膜中空玻璃损失 14%左右，使充灌氩气中空玻璃损失达到 23%左右。

（3）密封材料

对于外窗来说，还有对性能影响比较大的部分是密封材料，主要包括三个方面。一是窗体与玻璃之间。玻璃装配主要有湿法和干法两种镶嵌形式。湿法镶嵌玻璃，即玻璃与窗体之间采用高黏度聚氨酯双面胶带和（或）硅酮结构玻璃胶粘为一体，在保证了极好的密封性能的同时提高了窗体的整体刚度；干法镶嵌玻璃，即玻璃与窗体之间采用耐久性好的弹性密封胶带。二是窗框与窗扇之间。平（悬）开窗一般采用胶条密封，目前国内优质胶条一般采用三元乙丙橡胶、氯丁橡胶和硅橡胶等制造，目前还在开发采用尼龙板（或硬质塑料地板）与三元乙丙橡胶复合而成的优质胶条，其效果更好，可以长久保证窗户的气密和水密性能。三是窗框与墙体之间。窗框与墙体之间需采用高效、保温、隔声的弹性材料（硬质聚氨酯泡沫塑料、硬质聚苯乙烯泡沫塑料等）填充，密封采用与基体相容并且粘结性能良好的中性耐候密封胶。

（4）五金配件

五金配件的好坏直接影响到门窗的气密性能，从而降低门窗的节能效果。选择质量可靠的五金配件，对门窗的节能也影响巨大。

（5）安装

安装是确保窗户各项指标的最后一道环节，外窗只有完成安装后才能实现其所有功能，因此安装的重要性也是不言而喻的。在安装中重点要注意以下几个环节：

1）窗户洞口墙体砌筑的施工质量，应符合《砌体结构工程施工质量验收规范》

（GB 50203—2001）的规定，洞口尺寸容许偏差为±5 mm。

2）窗户洞口墙体抹灰及饰面板（砖）的施工质量，应符合《建筑装饰装修工程质量验收规范》（GB 50210—2001）的规定，洞口墙体的立面垂直度、表面水平度及阴阳角方正等容许偏差，以及洞口上檐、窗台的流水坡度、滴水线或滴水槽等均应符合相应的要求。

3）窗户的品种、规格、开启形式和窗体型材应符合设计要求，各种配件配套齐全，并具有产品出厂合格证书。

4）安装使用所有材料均应符合设计要求和有关标准的规定，相互接触的材料应相容。

5）干法安装窗户时，应根据洞口墙体面层装饰材料厚度，具体确定窗户洞口墙体砌筑时预埋副框的尺寸及埋设深度，或确定窗户洞口墙体后置副框的尺寸及其墙体的安装缝隙（一般可按 5～10 mm 采用）。

6）窗框与洞口之间的间隙要根据窗框材料合理确定，特别是顶部应保留足够的间隙。

7）窗的安装要确保窗框与洞口之间保温隔热层、隔气层的连续性，确保窗户的水密性。

8）窗框在洞口墙体就位，用木楔、垫块或其他器具调整定位并临时楔紧固定时，不得使窗框型材变形和损坏；安装紧固件或紧固装置不应引起任何框构件的变形，也不可以阻碍窗的正常工作。

9）窗框与洞口之间安装缝隙的填塞，宜采用保温隔热、隔声、防潮、无腐蚀性的材料，如聚氨酯泡沫、玻璃纤维或矿物纤维等，推荐使用聚氨酯泡沫。填塞时不能使窗框胀突变形，临时固定用的木楔、垫块不得遗留在洞口缝隙内，要保证填塞的连续性。

10）窗框与洞口墙体密封施工前，应先对待粘接表面进行清洁处理，窗框型材表面的保护材料应去除，表面不应有油污、灰尘；墙体部位应洁净平整干净；窗框与洞口墙体的密封，应符合密封材料的使用要求。窗框室外侧表面与洞口墙体间留出密封槽，确保墙边防水密封胶胶缝的宽度和深度不小于 6 mm，密封胶施工应挤填密实、表面平整；组合窗拼樘料必须直接可靠地固定在洞口基体上。

四、使用范围与应用前景

断桥铝合金窗的使用范围，根据采用不同组合的玻璃可使用于各类气候区域的新建、扩建、改建的住宅建筑和公共建筑。

断桥铝合金窗采用断桥铝型材和各种节能玻璃组合，除了具有节能效果好、安全性高的特点外，还有外形美观、重量轻、刚度强、耐腐蚀、可塑性好、防雷电、无毒无污染、回收性能好等优点。逐步扩大断桥铝合金窗在国内建筑市场的份额，其应用前景是极为广阔的。

第九节　太阳能与建筑一体化应用技术

一、国内外发展概况

太阳是一个巨大的能量源，每秒辐射到地球上的能量相当于 500 万 t 标准煤，并且太阳能是用之不竭的能源。在能源供应越来越紧张的当代，太阳能作为清洁的可再生能源，越来越受到人们的重视，应用领域也越来越广泛。据统计，我国 2/3 以上国土面积的年日照时间在 2 200 h 以上，年辐射总量在 502 kJ/m² 以上，为太阳能的利用提供了有利条件。

根据太阳能的特点和实际应用的需要，目前在建筑节能方面的应用可分为光电转换和光热转换两种形式。

欧盟在太阳能与建筑一体化的研究及应用方面均处于世界领先地位。欧共体 15 国太阳能热水器集热面积正以 35%的速度递增，2010 年分体式太阳能热水系统总面积达到 8 155 万～10 000 万 m²。集热器的安装实现了太阳能与建筑的完美结合。集热器像天窗一样镶嵌于坡屋面，平铺于屋脊或壁挂于墙体，和建筑融为一体，增加了建筑美观又获得了能源。

美国作为世界上最大的能源消费国，为减少能耗和温室气体排放、调整能源结构，早在 1997 年就提出了"百万太阳能屋顶计划"，其目标是到 2010 年将在 100 万个屋顶或建筑物其他可能的部位安装太阳能系统，使美国的太阳能应用技术得到了极大的提高。

为了加速我国光伏产业的发展和国内市场的开拓，我国政府 2009 年相继出台了一系列的扶持政策，如财政部于 2009 年 3 月 26 日发布《关于加快推进太阳能光电建筑应用的实施意见》和财政部、科技部、国家能源局联合印发的《关于实施金太阳示范工程的通知》，建筑节能名列其中并优先支持太阳能光伏组件应与建筑物实现构件化、一体化项目；优先支持并网式太阳能光电建筑应用项目。

二、主要技术内容

"建筑太阳能一体化"是指在建筑规划设计之初，利用屋面构架、建筑屋面、阳台、外墙及遮阳等，将太阳能利用纳入设计内容，使之成为建筑的一个有机组成部分。

"太阳能与建筑一体化"分为太阳能与建筑光热一体化和光电一体化。

太阳能与建筑光热一体化是将太阳能转化为热能的利用技术，建筑上直接利用的方式有：

1）利用太阳能空气集热器进行供暖；

2）利用太阳能热水器提供生活热水；

3）基于集热—储热原理的间接加热式被动太阳房；

4）利用太阳能加热空气产生的热压增强建筑通风。

目前利用太阳能热水器提供生活热水的技术比较普遍。

太阳能与建筑光电一体化，是指利用太阳能电池将白天的太阳能转化为电能，由蓄电池储存起来，晚上在放电控制器的控制下释放出来，供室内照明和其他需要。光电池组件由多个单晶硅或多晶硅单体电池通过串并联组成，其主要作用是把光能化为电能。目前多采用把太阳电池组件发电方阵形成一个整体屋顶建筑构件来替代传统建筑物南坡屋顶，实现了太阳能发电和建筑的完美结合。

三、技术指标与技术措施

1）太阳能与建筑光热一体化，按《民用建筑太阳能热水系统应用技术规范》（GB 50364—2005）和《太阳能供热采暖工程技术规范》（GB 50495—2009）技术要求进行

施工过程应注意：保护屋面防水层，防止屋面渗漏；上下水管保温，最好放置室内减少热损；防雷、防风措施，消除安全隐患；安装位置宜在屋顶或阳台板；高寒地区应有防止结冰炸管的措施。

2）太阳能与建筑光电一体化按《民用建筑太阳能光伏系统应用技术规范》（JGJ 203—2010）技术要求进行

太阳屋顶政策限定示范项目必须大于 50 kW，即需要至少 400m² 的安装面积，一般居民建筑很难参与，符合资格的业主将集中在学校、医院和政府等公用和商用建筑。

四、使用范围与应用前景

1．使用范围

适用于太阳辐射总量在 5 000 MJ/m² 的青藏高原、西北地区、华北地区、东北地区以及云南、广东、海南的部分低纬度地区。

太阳能与建筑光电一体化宜建小区式发电厂，不宜建单体光电建筑。

2．应用前景

现阶段在经济发达、产业基础较好的大中城市积极推进太阳能屋顶、光伏幕墙等光电建筑一体化示范，在农村与偏远地区发展离网式发电，在小区推行太阳能热水，以太阳能屋顶、光伏幕墙等光电建筑一体化为突破口，太阳能在我国将会有广阔的发展空间。

五、典型工程与应用实例

福建海西光伏发电系统，项目落地南安泉南工业园，金太阳示范电厂的装机容量达到3 000 kW，整个项目建在 8 幢标准厂房屋顶，占用屋顶面积 3 万 m²。

乌鲁木齐市华源·博瑞新村以太阳能真空管为组件的屋顶和外挂墙壁，热水供应，小区路灯和地下车库照明采用 LED 灯。

东营和利津将分别建设光伏 7MW 单晶硅太阳能电站和 100 MW 单晶硅太阳能电站。

东营电站年发电量 948 万 kWh，年节约标煤 3 000 多 t；利津电站年发电量 1.3 亿 kWh，每年可节约标煤 47 000 多 t，减少 CO_2 排放量 14 万 t。

太阳与建筑一体化应用，见图 5-5。

图 5-5 太阳与建筑一体化应用

第十节 建筑外遮阳技术

一、国内外发展概况

欧洲国家，不仅公共建筑配备遮阳设施，住宅建筑几乎家家安装外遮阳。建筑遮阳已经成为节能与舒适的一项基本需求。这些国家具有遮阳产品标准体系、检测方法标准体系、技术性能要求标准体系和计算评价标准体系等一套完整的遮阳技术标准体系。

20 世纪 90 年代，欧洲遮阳产品相继进入我国后，使遮阳产品在国内逐渐形成规模产业。建筑遮阳可以有效遮挡太阳过度的辐射，减少夏季空调负荷，在节能减排的同时还改善室内热环境，提高建筑的热舒适度等优点。

目前，我国颁布的建设部行业技术标准有《建筑遮阳通用要求》（JG/T 274—2010）、《建筑遮阳热舒适、视觉舒适性能与分级》（JG/T 277—2010）等 20 多部。有技术要求、产品标准和方法标准，建筑遮阳在我国基本形成了标准体系。

二、主要技术内容

建筑遮阳是将遮阳产品安装在建筑外窗、透明幕墙和采光顶外侧、内侧和中间等位置，以遮蔽太阳辐射。夏季，阻止太阳辐射热从玻璃窗进入室内；冬季，阻止室内热量从玻璃窗逸出。因此，设置遮阳设施，能节约建筑运行能耗，可以节约空调用电 25% 左右；设置良好遮阳的建筑，可以使外窗保温性能提高约一倍，节约建筑采暖用能 10% 左右。

根据遮阳产品安装的位置分为外遮阳、内遮阳、中间遮阳、中置遮阳等。

三、技术指标与技术措施

建筑遮阳性能的指标有抗风荷载性能、耐雪性能、耐积水荷载性能、操作力性能、机械耐久性能、遮阳系数、热舒适和视觉舒适性能等。产品技术性能指标应符合《建筑遮阳通用要求》(JG/T 274—2010)、《建筑遮阳热舒适、视觉舒适性能与分级》(JG/T 277—2010);工程设计和施工应符合《建筑遮阳工程技术标准》。

当遮阳装置为电动时,所用电机的防水、防尘等级应符合《外壳保护等级》(IP 代码)(GB 4208—2008)的规定;外遮阳装置使用的驱动装置的防护等级和技术要求应符合《建筑遮阳产品电力驱动装置技术要求》(JG/T 276—2010)和《建筑遮阳用电机》(JG/T 278—2010)时规定。当外遮阳装置,在加装风速和雨水的传感器时,传感器应置于被控制区域的凸出且无遮蔽处,传感器所处位置应能充分反映该区域内遮阳产品所处的有关气象情况,必要时也可增加阳光自动控制功能。

建筑遮阳设计,应根据当地的地理位置、气候特征、建筑类型、建筑功能、建筑造型、透明围护结构朝向等因素,选择适宜的遮阳形式;应兼顾采光、视野、通风、隔热和散热功能,严寒、寒冷地区不应影响建筑冬季的阳光入射。建筑不同部位、不同朝向可根据其所受太阳辐射照度,依次选择屋顶水平天窗(采光顶),西向、东向、南向窗;北回归线以南地区必要时还宜对北向窗进行遮阳。

1. 建筑外遮阳的选用原则

1)南向、北向宜采用水平式遮阳或综合式遮阳;

2)东西向宜采用垂直或挡板式遮阳;

3)东南向、西南向宜采用综合式遮阳。

2. 建筑内遮阳和中间遮阳的选用原则

1)遮阳装置面向室外侧宜采用能反射太阳辐射的材料;

2)根据太阳辐射情况调节其角度和位置。

3. 遮阳装置与主体结构的连接

1)遮阳装置与主体结构的各个连接节点的锚固力设计取值不应小于按不利荷载组合计算得到的锚固力值的 2 倍,且不应小于 30 kN;

2)遮阳装置应采用锚固件直接锚固在主体结构上,不得锚固在保温层上、加气混凝土、混凝土空心砌块等墙体材料的基层墙体上,当基层墙体为该类不宜锚固件的墙体材料时,应在需要设置锚固件的位置预埋混凝土实心砌块,并符合《玻璃幕墙工程技术规范》(JGJ 102—2003)和《混凝土结构后锚固技术规程》(JGJ 145—2004)等的规定;

3)遮阳装置与主体结构的连接方式应按锚固力设计取值和实际情况确定,并应符合相关规定的要求。

四、使用范围与应用前景

建筑遮阳形式的确定，应综合考虑地区气候特征、经济技术条件、房间使用功能等因素，以满足建筑夏季遮阳、冬季阳光入射、冬季夜间保温以及自然通风、采光、视野等要求，适合于我国严寒、寒冷、夏热冬冷、夏热冬暖地区的工业建筑与民用建筑。

我国建筑遮阳还刚刚起步，建筑遮阳的技术标准体系基本形成，由于公共建筑节能设计标准和居住建筑节能设计标准根据地区和建筑类型的不同，规定了遮阳设施的要求，在我国推广建筑遮阳产品已成为必然。工业建筑外遮阳应用，见图 5-6。住宅建筑外遮阳应用，见图 5-7。

图 5-6　工业建筑外遮阳应用

图 5-7　住宅建筑外遮阳应用

第十一节　植生（绿化）混凝土

一、植生（绿化）混凝土的概念

植生混凝土是一种植物能直接在其中生长的生态友好型混凝土，同时也是一种将植物引入到混凝土结构中的技术。这种混凝土以多孔混凝土为基本构架，内部有一定比例的连通孔隙，为混凝土表面的绿色植物提供根部生长和吸收养分的空间。其基本构造主要由多孔混凝土骨架、保水填充材料、表面土等组成。

植生混凝土，又称为绿化混凝土。绿化混凝土的最初定义见清华大学冯乃谦、杨朴等主编的《实用混凝土大全》："能够适应绿色植物生长、进行绿色植被的混凝土及其制品"。有些专家学者把绿化混凝土定义为：能够适应植物生长，可进行植被作业，具有保持原有防护作用功能、保护环境、改善生态条件的混凝土及其制品。

植生多孔混凝土具有保水性良好、质量轻等特性。植生混凝土的结构特性表现在具有大量连通的孔隙，且孔隙率、孔径分布可控性好；施工简便，凝固时间快，可现场建筑或预制成型；生态特性为可实现绿化、生物共存、水质净化等功能；此外，还有耐久性、耐化学侵（腐）蚀性能良好。

二、国内外研究概况

1. 国外

日本于 2000 年成立了绿化混凝土协会。有计划地推动绿化混凝土的研究，并扩大应用范围，除继续用于住宅区、公路两旁护坡和河流护岸等方面的绿化外，正在开发人行道、停车场、休闲绿地等的新用途。美国及欧洲国家自 20 世纪末也相继开展了绿化混凝土的研究和开发。美国加州大学 Wekde 教授等研究认为，在厚度 150～300 mm 的绿化混凝土中生长的花草，其耐干旱的天数达 20～40 d，相当于厚度 300 mm 的优质土壤。在耐淹性方面，绿化混凝土上生长的植物和土壤中生长的植物基本相同。在使用绿化混凝土的河道护岸上栽种的植物，生长情况良好。积雪融化、集中暴雨、水流速度较快时，绿化混凝土具有良好的抗冲刷性。韩国自然与环境株式会社开发研制了一种其基本结构为随机多孔型绿化混凝土砖。但构件边缘强度低、易破损、孔隙率低、贯通性不好，植物生长只能凭借表面覆盖较厚土层种草，适用较缓边坡的防护。

2. 国内

植生混凝土开发和应用越来越受到重视。北京城市建设工程研究院研制的护坡植被混凝土，由水泥、石子、砂、陶粒和水组成。吉林省水利实业公司利用建筑废弃的砖石作骨料，研制出一种在保持原有防护功能的前提下，能使植草良好生长的环保型混凝土护砌材料，并对绿化混凝土上草坪植物所需营养元素及供给进行了研究。盐城工学院和南京工业大学研制用 65%～70%粉煤灰制备的低碱生态混凝土。三峡大学提出了工程边坡绿化技术的概念，并给出了播种公式。中建十八局研制了铁路绿色通道喷射混凝土植生技术。天津市水利科学院研究出了能生长草的混凝土。上海大学与福建农林大学研究出了轻质绿化混凝土与"沙琪玛骨架"绿化混凝土，并初步进行了植草与力学性能试验。但是，由于绿化混凝土的 pH 偏高，碱性偏强，植物生长状况尚不如生长在普通土壤中好。绿化混凝土仍存在植物生长性差等主要问题。

综合看来，国内外对此方面的研究还处于起步阶段。

三、研究的主攻方向

植生混凝土利用多孔空隙部位的透气、透水等性能，渗透植物所需营养，生长植物根系种植小草、灌木等植物，用于河川护堤的绿化，美化环境，这是研究重点。但普通混凝土由于其组成材料之一的水泥在水化时，将产生占水泥体积 20%～25%的 $Ca(OH)_2$，使得混凝土呈强碱性，pH 值高达 12～13，不利于植物和水中生物的生长。

1）若植生混凝土降碱处理不当，植物生长不好，植株比普通土壤中生长的植物差；在不同碱性条件下植物生长状况及各项生物量指标的测定要进行系统研究。

2）经降碱处理后，生态混凝土的力学强度等物理力学性能是否有较大的变化、损伤和破坏，还需进一步研究。

3）植生混凝土的最优配合比与物种的生长特性密切相关，因此要根据种植物种的不同进行不同的配比试验研究。

4）在微、细观力学、双向和三向拉、压力学性能、断裂力学等力学响应、耐久性以及损伤力学及植物根系与绿化混凝土耦合力学作用机理等方面有待研究。

5）在路面力学等工程力学方面尚无系统的绿化混凝土路面力学响应的相关研究，且绿化混凝土大规模走向工程应用尚需做大量研究。

6）对植生混凝土的 pH 值、肥力指标、土壤生物学性状等植物相容性和生物学特性的研究尚需系统深入。

7）呈碱性的混凝土（pH 12～13），对混凝土结构来说是有利的，具有保护钢筋不被腐蚀，但对于道路、港湾、驳岸工程，这种碱性不利于植物和水中生物的生长。开发具有一定强度，耐腐蚀的低碱性、又具多孔隙的绿化混凝土是将来的主要方向。

8）种植基的配制及填充技术研究，在绿化过程中，草种的选择、播种方式、植物生长基料的配制是植生研究的主要方向。植生混凝土由于结构特殊，因此在选择草种时，既要考虑园艺效果，又要考虑植物对环境、气候的要求。尽量采用冷季型草种和暖季型草种混合种植，又要注重草种的适应性。适应性主要考虑草坪的耐属性、耐寒性、耐旱性、耐踏性和耐碱性。

9）植物选择和种植试验研究。研究多孔植被混凝土的最终目的实质上就是使混凝土在具备必要强度的情况下植物能在其中正常生长。其中适合植物生长的多孔混凝土材料和种植材料是研究的两个重点，也是难点。将从植物种植材料的选择、孔隙内材料的填充方法、不同区域气候植物的选择以及植被种植试验几个方面展开研究。

10）屋面系统应用技术。将多孔植生混凝土应用于我国南方湿热气候开放机理保温隔热层屋面和地面系统。利用高效轻质混凝土材料的连通与非连通多孔混凝土的热湿传递特点、复合保温隔热实体被动蒸发平屋面和复合保温隔热与防水等多重功能的屋面瓦、屋面、地面砌块等。重点解决平屋面、种植屋面、坡屋面和地面不同构造材料隔湿保温层和表皮气候层的热工调节性能，隔湿保温层用于冬季保温和夏季隔空气热，表皮气候层对热湿气候开放，利用气候隔太阳辐射热，提高多孔材料的隔热效果。

对屋顶绿化种植混凝土屋面构造、轻质透水混凝土水培植物屋面进行研究。重点研究植生混凝土屋面的透气、透水与结构荷载、强度、防水等性能和屋面构造系统，研究轻质透水混凝土渗透性与植物营养供给方式，以及轻质透水混凝土种植屋面的施工、维护与管理。

四、国内植生（绿化）混凝土的种类

1. 孔洞型植生混凝土

在混凝土板上预留的孔洞内填充具有适合植物生长的营养性土壤，然后再种植绿化植物，这种混凝土称为孔洞型绿化混凝土。它主要分为孔洞型块体绿化混凝土和孔洞型多层绿化混凝土。前者如 8 字形孔洞块体绿化混凝土，以及很多城市的人行道上铺设的植草砖等。后者指上层为孔洞型多孔混凝土板，底层为凹槽型，上层与底层复合，中间形成有一定空间的培土层。这种绿化混凝土往往用于城市楼台的阳台、围墙顶部、墙体上部等。

2. 敷设式植生混凝土

在普通混凝土表面固定植被网，并喷涂按一定比例配制的胶黏材料、保水剂、肥料、植物秸壳粉末、草籽混合物、填料等，构成植物生长基体并使其长草。该方法多用于既有混凝土表面又有裸露岩石面的绿化。三峡大学、浙江水利厅等单位研究出一种植被混凝土，属敷设式绿化混凝土的一种。

3. 随机多孔型植生混凝土

又称生态多孔型混凝土、多孔连续型混凝土。是将无砂混凝土作为植物生长基体，并在孔隙内充填植物生长所需的物质，植物根系深入或穿过无砂混凝土至被保护土中。因其孔洞结构特征是随机分布的，故将其命名为随机多孔型绿化混凝土。其护砌及播种性能较好，可使安全护砌与环境绿化有机结合起来。

4. 复合随机多孔型植生混凝土

其特点是周边采用高强度混凝土保护框并兼作模具、中间填筑无砂混凝土一体成型，解决了随机多孔型绿化混凝土生长基的实用构件化、边缘强度低、有效面积小等问题。这种制作方法已获国家发明专利，使绿化混凝土的大规模推广应用成为可能。

5. 轻质植生混凝土

是一种性能介于普通混凝土和耕植土之间的新型轻质植生混凝土。它以轻质多孔细料岩石（珍珠岩等）、生物有机肥料、耕植土、减水剂等为原料，用水泥等胶凝材料胶结而成。具有一定的强度和耐冲刷性能，自重轻，能形成一个个"蜂窝状"空隙，满足植物生长提供所必需的养分和存储空间。可用于休闲绿地、小区绿化、屋顶花园等。

6. "沙琪玛骨架" 植生混凝土

是对随机多孔型绿化混凝土进行了改进，提出了形象的"沙琪玛骨架"，绿化混凝土。它具有与普通土壤相似的适合植物生长的特性，同时又更具耐冲刷能力与耐践踏能力，在

"沙琪玛骨架"的固土作用下，强化了耐冲刷能力，"沙琪玛"孔隙中填入自制的轻质绿化混凝土或耐冲刷营养土，提供植物根系所需营养空间与立地条件，具有绿化与承受一定荷载践踏的双重功能。可用于城市开放式休闲绿地，住宅小区的绿化，停车场、高速公路的护坡、江河的护堤等。

7. 自适应植被混凝土

是集智能混凝土和植被混凝土双重特性的新型生态混凝土。其结构本身具备自适应（自动适合植物生长的酸碱度和湿度）、自供给（结构内部提供植物生长所需的营养元素）特征，是一种能适合于植物生长的植被混凝土，并具有工程所需强度的多孔混凝土，但目前尚无具体研究报道。

五、使用范围与应用前景

清华大学冯乃谦教授等对植生多孔混凝土的使用目的和评价物性进行了总结。目前，植生多孔混凝土的应用在我国也有相关报道，但数量较少，仅有上海、天津、吉林、安徽等地有试验性应用。

植生混凝土是一种既能减少对生态环境的负荷，同时又能与自然生态系统协调共生，为人类构造舒适环境的生态混凝土。将植生混凝土用于河道护岸、沟渠驳岸、公路边坡以及屋面系统等环境进行修复和重建，不仅具有传统的混凝土防护的特点，而且表面生长着绿色植物，既改善了周围大气的环境，起到气候调节的作用，又保护了绿色自然景观。同时，微生物及小动物在多孔混凝土凹凸不平的表面或连续孔隙内生息，既保护了生物的多样性，又能对河川、湖泊的水质间接地进行净化，以及对屋面防水层的保护、改善冬冷夏热的环境，创造了混凝土与自然环境的和谐。

第十二节 透水混凝土

一、透水混凝土的概念及特点

1. 透水混凝土概念

透水混凝土又称多孔混凝土，是由骨料、水泥和水拌制而成的一种多孔混凝土。由粗骨料表面包裹一薄层水泥浆相互粘结而形成孔穴均匀分布的蜂窝状结构，亦称排水混凝土或无砂混凝土。

2. 透水混凝土特点

透水混凝土无细集料（砂），且无足量水泥，通过配合比设计满足具有强度、高透水性工程需求，作为无需压密的回填材料或水工材料。与普通混凝土相比，具有如下特点：

1）热传导系数小；

2）水泥用量少；

3）表面存在蜂窝状孔洞；

4）可以防止雨天路面集水和夜间反光，增加行走舒适性和安全性，同时减轻降雨季节道路排水系统负担；

5）可以吸收车辆行走产生的噪声，有利于创造安静舒适的交通环境；

6）可以补充城市地下水资源，保护土壤温度，改善城市地表植物和土壤生物的生存条件，有利于生态平衡；

7）增加城市透水透气面积，可以调节城市气候，降低地表温度，缓解城市"热岛"效应；

8）施工简易方便，对于工人的施工技术要求不高。

二、国内外发展概述

1．国外

透水混凝土在20世纪70年代，欧美国家首先开始研究和应用。日本等国家针对原城市道路的路面的缺陷，为有效补充地下水，缓解城市的地下水位急剧下降，消除地面上的油类化合物等对环境污染的危害等，使用透水混凝土。

德国将在短期内将90%的城镇道路改成透水混凝土，以维持生态平衡。

在法国已广泛应用透水混凝土来进行路边排水和路面透水，法国60%的网球场地面都采用了透水混凝土铺装，此外在护坡、绿化地带等方面的应用也比较广泛。

法国Des poutset Chausses中心实验室还对透水混凝土的水净化作用进行了研究，他们认为透水混凝土能够贮存污染性微粒，使它们不能被水冲到地上。透水混凝土的过滤作用能使悬浮污染粒子浓度下降64%，铅的浓度下降79%。

2．国内

国内关于透水混凝土的研究和应用还在起步阶段。主要是对透水混凝土的配合比设计及透水系数测定等还欠完善，对透水混凝土与生态环保效率研究也不够。

近些年来我国科技人员在透水混凝土透水机理、种类、强度和透水性等的研究方面取得了一些成果。国内对透水混凝土的应用，多为中外合资企业，利用国外的成熟技术进行施工。

三、透水混凝土的技术条件

1．材料

1）水泥：满足设计要求。

2）集料：粗集料可以是碎石、卵石，也可以是人造轻集料或再生集料（建筑垃圾）。粗集料应为单一级配。不宜小于5 mm或大于40 mm。粗集料的针片状总量不宜大于15%，含硫量不宜大于10%。

2. 配合比设计

透水混凝土的配合比特点是采用单粒级粗骨料作为骨架,水泥净浆或加入少量细骨料的砂浆薄层包裹在粗骨料颗粒的表面,作为骨料颗粒之间的胶结层,形成骨架——空隙结构的多孔混凝土。

配合比的设计原则是将骨料颗粒表面用一层薄水泥浆包裹,并将骨料颗粒互相黏结起来,形成一个整体,使之既具有一定强度,又确保骨料间存在一定的孔隙。1 m³ 透水混凝土中的骨料、水泥及水的用量之和为 1 600～2 100 kg,根据这个原则,可以初步确定透水混凝土的配合比。

上海世博会工程未对透水系数提出具体要求,只是在保证透水混凝土工程所要求达到的强度,确定透水混凝土的透水性能即可。

配合比的确定:

1)水灰比:水灰比大小既会影响混凝土的强度,又会影响其透水性。一般情况下,水灰比介于 0.25～0.35,但在实际施工中,往往是根据经验来确定水灰比。具体方法是取一些拌和好的混凝土拌合物,观察其水泥浆在骨料颗粒表面的包裹是否均匀、有无水泥浆下滴的现象及颗粒有无类似金属的光泽等,如符合以上情况,则说明水灰比较为合适。

2)用水量:普通集料的用水量一般为 80～120 kg/m³。

3)骨料用量:每立方米混凝土所用的骨料总量,可依据取骨料的堆积密度的数值来确定。

4)水泥用量:根据骨料的体积空隙率及胶凝材料在骨料内的填充率为 25%～50% 来确定水泥用量。通常水泥用量为 300～450 kg/m³。

透水混凝土与普通混凝土相比,在配合比设计上存在很大的不同。要避免使用经验公式。

3. 施工工艺

透水混凝土施工工艺与普通混凝土施工工艺基本相同。

1)工艺要点

要掌握好振捣时间:机械振捣时间越长,孔隙率越小,强度也越高,但透水系数会越小;采用手工插捣 10 次+机械振捣 10s 的方式制作的混凝土,强度和透水系数会有很好的结合点。而机械振捣 20s 制作的混凝土虽强度有所提高,但孔隙率降低,即透水系数降低。

2)混凝土养护方法

透水混凝土存在大量孔隙,且多为开口孔,易失水,干燥很快。在早期养护中,应注意避免混凝土中水分的大量蒸发。

采用人工捣实方法成型的混凝土分别进行标准养护、自然养护以及覆盖薄膜保湿养护。3 种养护方法对混凝土抗压强度的影响,见表 5-3。

表 5-3　不同养护方法对透水混凝土抗压强度的影响

养护方法	抗压强度/MPa	
	7 d	28 d
标准养护	19.8	30.1
自然养护	16.5	22.9
覆盖薄膜养护	18.2	29.6

四、适用范围与应用前景

透水混凝土，在国内目前仅应用于新建、改建人行道、步行街、居住小区道路、非机动车道路面和一般荷载的停车场等工程。

透水混凝土已应用的典型工程有：奥运公园透水混凝土路面工程、上海世博园透水混凝土地面工程、西安大明宫地址公园透水混凝土路面工程、郑州国际会展中心透水混凝土路面工程。

透水混凝土能使天然雨水渗入地下，既缓解了城市排水压力又有效地节约了水资源。

透水混凝土具有独特的多孔结构，能够减轻城市"热岛效应"，减轻交通噪声，消除路面眩光带来的交通安全隐患，透水混凝土是环境友好型节能技术，具有非常好的经济效益和社会效益。随着研发的进一步深入，透水材料的改进，应用前景会更加宽广。

第六章　绿色建筑工程解读

第一节　中国石油大厦（北京）

一、工程概况

中国石油大厦（北京）坐落于北京市东城区东二环西侧。于 2012 年 9 月获得住房和城乡建设部评定的三星级"绿色建筑评价标识"。

中国石油大厦（北京）建设用地面积 2.25 万 m^2，建筑面积 20.08 万 m^2，其中地上建筑面积 14.49 万 m^2，地下建筑面积 5.59 万 m^2，地上 22 层，地下 4 层，建筑高度约 90 m。

该工程建设采用了绿色施工技术及绿色材料，是一座集绿色、生态的办公大楼，见图 6-1。

该工程于 2004 年 11 月开工，2008 年 8 月竣工。工程总投资 17.58 亿元。

图 6-1　中国石油大厦（北京）

二、节地与室外环境

本工程坐落在狭长的地块内，分散分布，大厦由 A、B、C、D 四座组成，每座均呈"L"

形，加大了建筑与自然的接触面，尽可能满足了建筑主体的南北朝向，改善了建筑主体的自然通风与采光，空气在各楼之间形成环流，有利于组织场地通风。

大厦位于城市主干道（东二环）一侧，属于 4a 类声环境功能区，经过场地噪声检测，昼夜平均噪声 62.8 dB，夜间平均噪声 53.6 dB，场地噪声符合标准要求。

大厦外围护结构采用了玻璃幕墙，其材料反射比满足《玻璃幕墙光学性能标准》的要求，同时在玻璃幕墙外表面垂直镶嵌的石材可有效遮挡部分光线的反射，减少了对周边建筑和行人的光污染。

大厦位置交通便利，周边步行距离不超过 500 m 的公共交通站有 3 个，公交线路共计 30 余条。此外，大厦地下设置专用通道直通地铁站，为员工低碳出行创造了便利条件。

大厦充分利用了地下空间，建筑地下面积 5.59 万 m^2，占地面积 1.03 万 m^2，地下建筑面积为占地面积的 5.4 倍，地下空间主要包括报告厅、办公用房、设备用房、车库、服务及管理用房等。

三、节能与能源利用

大厦的外围护结构采用了双层内呼吸式玻璃幕墙，外层玻璃为 TP8+12A+TP8 双银 LOW-E 镀膜玻璃，内层玻璃为单片玻璃，内外层玻璃之间距离为 200 mm，其间设有阳光跟踪型百叶系统和智能通风系统，围护结构综合传热系数经过实测达到 1.1～1.2W/（$m^2 \cdot K$）

四、节水与水资源利用

大厦采用中水回用技术，中水机房位于地下四层，原水水源为大厦卫生间、浴室废水和经油水分离设备处理的厨房排水，中水处理采用生化处理与物化处理相结合的处理工艺，生化处理采用生物接触氧化法，物化处理采用双介质过滤器二级处理，处理后水质达到《城市污水再生利用城市杂用水水质》标准要求，中水用于绿化灌溉、冲厕等。

五、节材与材料资源利用

大厦采用了钢结构与钢筋混凝土的组合结构技术，工程从 B1 层插入钢柱，设计上考虑了组合结构节点，将钢结构与钢筋混凝土巧妙配合。

本工程所有混凝土均采用预拌混凝土。

大厦室内装饰大面积采用工厂预制的方式，现场装配，免维护，可拆卸，室内屋顶采用可拆装的岩棉吸声板及金属活吊顶，地面采用可拆卸的钢制网络地板，隔墙采用可拆装的成品隔断。本项目建设中使用的建筑材料绝大部分均来自北京，同时钢材与玻璃等材料的大量使用使本项目的可再循环材料，使用比例较大。

六、室内环境质量

大厦采用多功能空气净化装置净化室内空气，使回风与新风集中通过空调机组的净化装置进行过滤、紫外线杀菌、活性炭除味、双级高压静电除尘，确保室内空气在洁净度、新鲜度、温度及湿度等方面的综合效果最佳。

大厦中庭、侧边庭及群楼顶层的玻璃屋顶可自动开启，除满足消防自动排烟功能外，过渡季节可以打开顶窗进行自然通风，夏天可自动排热，风与沙尘天气能自动关闭。

大厦在热压作用下，中庭与侧边庭内均形成了良好的自然通风，且各楼之间形成了良好的空气循环，换气次数为 15 次/h；在过渡季和夏季主导风向下，公共空间顶窗处均处于负压区，风压作用不仅未对公共空间内的自然通风产生负面影响，反而对热压作用有所促进，其换气次数分别为 16 次/h 和 15 次/h；建筑中庭、边庭布局与门窗位置安排合理，能有效地利用热压进行自然通风，在过渡季和夏季均利用自然通风改善室内环境。

大厦全面考虑了方便残疾人的措施，垂直电梯可使残疾人到达各层每个房间，电梯厅设有方便残疾人的按钮，智能电梯系统会将残疾人分配到的客梯的梯门开关速度变慢，并且减少该客梯乘客的数量。在大厦首层、二层、三层设计了残疾人专用厕所。

大厦充分利用了自然采光，在主中庭东西立面采用了点支式双索幕墙结构，使主中庭最大限度地引入自然光，同时这种结构外形简洁均衡，在满足受力的前提下实现了最低的材料消耗。大厦在地下餐厅东墙窗外设置下沉庭院，改善就餐环境并营造场区生态环境。

中国石油大厦（北京）在"绿色、科技、智能、舒适"的建设目标和"先进适用、系统配套、整体最优"的指导原则下，坚持以人为本的绿色环保理念，通过对众多绿色技术的集成，严谨施工，周密调试，建设成了一座基于物联网架构的绿色技术集成示范建筑。中国石油大厦（北京）获得的奖项有：建筑能效测评等级三星级，住房和城乡建设部科技示范工程，智能建筑（科技、节能、环保）创新工程等奖。

第二节 中国节能建筑科技馆

一、工程概况

中国节能建筑科技馆位于浙江杭州钱江经济开发区能源与环境产业园的西南区。于 2009 年获得住房和城乡建设部评定的第 1 批三星级"绿色建筑设计标识"，2012 年获得三星级"绿色建筑评价标识"。

工程总建筑面积 4 679 m²，其中地上 4 218 m²，地下 461 m²，建筑高度 18.5 m，地上 4 层，半地下室一层，主体为钢框架结构。

该工程主要用于科研办公、绿色建筑节能环保技术与产业宣传展示。其中，地下室为地源热泵机房、消防水泵房、配电房等设备用房；地上一层为绿色建筑技术展览厅、小型报告厅、机房、接待室等；二、三层主要为科研办公用房；四层主要布置机房和活动室。

中国节能建筑科技馆，见图 6-2。

图 6-2　中国节能建筑科技馆

二、节地与室外环境

工程周边以公路交通为主，靠近园区及建筑南侧，距离本项目 500 m 以内开通有两路公交车，未来紧邻该地块还将开通地铁车站。

工程结合杭州市地域特色，景观设计时物种主要选择江南植物，且充分考虑乔灌木复层绿化。通过乔灌草搭配，形成复层绿化形式，同种或不同种苗木高低错落，植后同种苗木相差 30 cm 左右。在人行道区域铺设了透水地砖等，室外透水地面面积比为 56.7%，大于 40%。

场地内的景观植物在三年的运营过程中长势良好，为绿色建筑科技馆增添了不少亮色，此外由于植物为江南地区植物，适应当地气候，一年只需浇灌两次，大大节约了用水量，故创造优美景观环境的同时也具有较好的经济效益。

三、节能与能源利用

1. 建筑被动式设计

（1）建筑自遮阳

建筑物整体向南倾斜 15°，具有很好的自遮阳效果。夏季太阳高度角较高，南向围护结构可阻挡过多太阳辐射；冬季太阳高度角较低，热量则可以进入室内，北向可引入更多的自然光线。

（2）被动式通风系统

室外新风由半地下风道引入，经自然冷却后沿着布置在南北向的 13 处主风道以及东西向的 4 处主风道风口进入各个送风风道，在热压和风压驱动下，由布置在各个通风房间的送风口依次进入各个房间，带走室内热量的风进入中庭，通过屋顶 18 个烟囱的拔风作用排至室外。根据项目实际运行经验，该系统每年至少可以减少两个半月的空调开启，节能效果显著，经济效益良好。

（3）自然采光系统

该项目南北跨度为 27 m，其中南向房间进深为 5.4～7.7 m，北向房间进深均在 5.3～7.4 m，均可有效引入自然光。此外，该项目设计有中庭可有效改善内区的采光。该项目运行期间，正常晴天工况下上班期间基本不需要人工照明，节约了照明用电，该项目照明系统年用电量 1 432 kWh，日用电量仅为 5.7 kWh。

2．围护结构系统

建筑物屋面和外墙采用岩棉板保温，屋面传热系统 K=0.49 W/（m²·K），外墙传热系统 K=0.56 W/（m²·K）；幕墙采用断桥隔热金属型材多腔密封窗框和双银 LOW-E 中空玻璃，东、西向为低透光玻璃，传热系数 1.91 W/（m²·K），自身遮阳系数 0.29，南北向为高透光玻璃，传热系数 2.27 W/（m²·K），自身遮阳系数 0.44，可见光透射比 0.7。

南北立面幕墙采用智能化机翼外遮阳百叶，该遮阳百叶长度 3.59 m，宽度 0.45 m，在机翼型百叶上按 23% 左右开孔率打微孔，夏季控制光线照度及减少室内得热，冬季遮阳百叶的自动调整可以保证太阳辐射热能的获取。

四、节水与水资源利用

该工程只有四层，故给水系统不分区，由室外市政给水管网直接供水。建筑室内采用新型的节水器具。由于杭州地区降雨较为丰沛，故该项目采用雨水积蓄利用技术。绿地雨水以自然下渗为主，建筑场地内所有雨水经雨水口，由室外雨水管汇集入人工蓄水池（即内河道，该河道是整个园区的雨水收集池），做中水的补水。另外，场地内设计有景观水池，对雨水有一定的调蓄功能。

五、节材与材料资源利用

该项目主体结构为钢框架结构体系，属于资源节约和环境影响小的结构体系。工程用建材主要采购自江浙一带，项目 500 km 以内生产的建筑材料比例高达 99%，可再循环材料使用比例为 13.6%。混凝土全部采用预拌混凝土。

该项目为自用型建筑，由业主委托专业装修公司进行设计，通过各专业项目提资及早落实设计，做好预埋预处理，实现了土建与装修工程一体化设计与施工。

施工过程制定专门的废弃物管理规定，对施工所产生的垃圾现场进行分类处理，将施工废弃物分类处理并将其中可再利用材料、可再循环材料回收利用，回收利用率高达 84.5%。

六、室内环境质量

1．光环境

该项目进深设计合理，又设计有中庭改善采光，故整体项目采光效果良好。通过模拟分析，该项目在遮阳板开启时，全楼采光系数大于 2.2% 的区域面积为 2 353.2 m²，占主要

功能空间面积的 85.47%；在遮阳板闭合时，全楼采光系数大于 2.2%的区域面积为
2 254.82 m²，占主要功能空间面积的 81.90%，均达到 80%以上。

2．风环境

该项目设计有被动式自然通风系统，利用热压和风压作用来改善室内通风效果。根据
模拟分析得到了适应热压通风的室外温度范围为 16～27℃，在该范围内，室内温度变化范
围是 15.6～30.5℃，室内风速在 0.45～0.6 m/s。通过模拟得知室内空气品质较好，一至四
楼绝大部分房间换气次数在 5 次/h 以上，甚至有相当一部分超过了 10 次/h。

3．声环境

本项目噪声主要包括交通道路噪声、机房的设备噪声。地源热泵机房设在一层设备机
房，设备机房做隔声减震措施，新风机房做建筑隔声与吸声处理，机房门为防火隔声门。
对该项目各类房间进行了室内背景噪声检测，检测结果表明该项目室内背景噪声符合《民
用建筑隔声设计规范》（GB 50118—2010）的要求，声环境良好。

中国节能建筑科技馆在设计过程中，结合江南地域特色，在建筑方案设计中充分考虑
自然通风、自然采光、自遮阳等多种被动式节能技术，将绿色建筑方案与建筑设计有机融
合在一起，体现了绿色建筑的理念。此外，在机电系统设计中，采用切合实际的绿色建筑
设计方案，在运行过程中，注重各种有效数据的收集、保存、整理，为后续项目节能运行
提供了数据支撑。

从项目实际运行情况可以看出，该项目被动式通风系统、外遮阳系统、地源热泵系统、
雨水系统运行效果都较好，有明显的经济效益，但溶液除湿新风机组和中水系统运行不够
理想，有待后续进一步完善。

第三节　苏州绿地·华尔道名邸 42、43、45～51 号楼

一、工程概况

苏州绿地·华尔道名邸 42、43、45～51 号楼项目，位于苏州工业园区，本项目在规
划设计过程中综合考虑了建筑节能、节水、节材、节地、运营管理、室内环境，应用了太
阳能热水、雨水系统、透水地面等适宜且效果明显的多项绿色施工技术，符合绿色建筑的
相关要求。并且，以达到提高居住舒适、节能降耗、环境优美为目标，体现绿色建筑的现
实意义。于 2012 年获得住房和城乡建设部评定的二星级"绿色建筑设计标识"。让低碳环
保深入社区。建筑效果图，见图 6-3。

图 6-3　建筑效果图

二、节地与室外环境

华尔道项目人均用地指标 15.3 m²。建筑布局合理，住区建筑布局能保证室内外的日照环境、采光和通风的要求，满足《城市居住区规划设计规范》（GB 50180—1993）（2002 年版）中有关住宅建筑日照标准。

项目透水地面为绿化面积与植草砖面积之和，绿地面积为 68 596 m²，植草砖面积为 600 m²。透水地面面积较大，能够有效地蓄存雨水，并对部分区域进行雨水收集，达到充分利用雨水和增加土壤含水量要求，改善小区局部气候。

三、节能与能源利用

1．围护结构设计

建筑外墙采用岩棉保温板 A 级（35～55 mm）进行保温；屋顶采用岩棉保温板 A 级（75～90 mm）进行保温。外窗采用铝型材单框断热桥中空 LOW-E 玻璃窗（6+12A+6），传热系数 2.40 W/（m²·K），本项目位于夏热冬冷地区，住宅建筑节能必须兼顾冬、夏两季。对于冬季减低供暖负荷来说，应尽量减少遮阳，增加室内的太阳辐射量；对于夏季空调负荷来说，则应增加遮阳，减少室内的太阳辐射量。本项目从实际情况出发，设置内置百叶玻璃窗，可达到冬季保温，夏季遮阳效果。

2．高效能设备和系统

采用分体空调，能选择不同运行模式，对室内机进行温度、风量等参数进行调节。空调的性能参数均满足国家相关规范要求，最高空调性能参数达到 3.42，达到 1 级能效等级标准。

3．节能高效照明

楼梯间照明采用触摸延时带强制点亮开关，公共走道照明采用红外移动探测器控制，电梯厅照明采用红外移动探测器及单联双控带强制点亮开关控制；公共场所照明均采用荧光灯，节能型电感镇流器，功率因数不低于 0.9，比普通照明节能 15% 以上。

太阳能热水系统在 46 号（十一层住宅）六至十一层采用集热-分户换热（开式）太阳能系统；太阳能板集中放置于屋顶，共 76 m^2。

四、节水与水资源利用

卫生间洁具均采用节水型器具，节水率均大于 8%。对场地内屋面、硬制地面、绿地、景观的雨水进行回收利用。收集后的雨水经处理后用于绿化浇灌、道路浇洒、景观补水。大片草地区采用地埋式旋转喷头喷灌，大片灌木区采用旋转喷头喷灌，节约用水。

五、节材与材料资源利用

项目可再循环材料包括钢材、木材、铝型材、石膏制品、玻璃等，建筑材料总重量为 112 846.7 t，可再循环材料重量为 11 835.8 t，可再循环材料使用重量占所用建筑材料总重量的 10.4%。项目全部采用预拌混凝土。

建筑造型要素简约，女儿墙高度为 0.5 m，HRB400 级钢筋作为主筋的比例为 88.21%。

六、室内环境质量

1. 光环境

建筑物前后间距最小 47.1 m，且各户型至少有 1 个卫生间设有外窗。各户型的卧室、客厅等房间布局比较简单，靠近窗口位置的采光效果较好，采光系数在 1.1% 以上，餐厅采光系数在 0.55% 以上。

2. 风环境

各户型主要功能房间有效通风开口面积与地板面积比均大于 8%，有效通风开口面积较大，且各户型主要功能房间的通风换气次数均在 2 次/h 以上。

3. 可调节外遮阳

本项目采用中空玻璃内置遮阳百叶，设置部位为南向卧室。遮阳百叶在夏季起到遮阳目的，用户可自由控制遮阳开度，同时，在冬季夜间遮阳还能起到一定的保温效果。

第四节　博思格西安工厂项目

一、工程概况

博思格西安工厂项目，为我国首个三星级绿色工业建筑项目（设计阶段）。

工程建筑面积 52 120.83 m^2，采用世界上最先进的轻钢结构自动化流水线，建成后是中国西部地区规模最大的预制金属钢结构建筑系统生产厂。

博思格西安工厂项目工程鸟瞰，见图 6-4。

图6-4 博思格西安工厂项目工程鸟瞰

二、可持续发展的建设场地

项目建设场地南临规划路，东临经三十路，西北临锦业二路，西临经三十二路，地理位置优越，交通较为便利。项目用地符合国家和当地工业项目建设用地指标。

项目通过各建筑单元物流、人流的相关性和非相关性分析，满足生产工艺需要，充分考虑环境保护、安全、卫生、消防等因素，确定总平面图布置。新建生产厂房均为联合厂房，采用先进流水线及FCB焊接工艺，使得生产场地利用率仅为传统钢结构的1/2～1/3，节约车间生产用地面积30%。

室外场地及道路设计综合周边市政道路标高、场地地形和厂区雨水径流等因素确定场地和厂房内地面标高。室外堆场根据自然标高找平，最大减少填方量。

绿化设计以厂房四周绿化带为重点，苗木选择充分考虑当地气候条件，选择当地适宜树种，起到防尘、净化空气、减少噪声和调节温、湿度的作用。

项目建设场地西南原为电镀工厂搬迁后被污染的土地，六价铬超过《地下水质量标准》（GB/T 14848）Ⅳ类水标准，经对建设场地地下水六价铬超标治理后阻断污染源并将最高值降0.1 mg/L，经环保部门检测，各监测点符合要求。

三、节能与能源利用

本项目采取的节能主要措施有：建筑节能，外窗为断热铝合金低辐射Low-E窗，蓝色镀膜玻璃，内设遮阳百叶窗帘。围护结构采用断桥设计钢结构彩板墙体，屋面采用太阳反射系数SRI＞78的白色（off white）高反射率白色屋面。

车间照明，根据厂房各功能区不同照度要求设置照明，采用高效荧光灯，根据实际室形指数车间内选择宽配光灯具，灯具及镇流器均在三级能效之上。车间照明设工段控制和时间控制；辅助办公室照明设时间、光感应及人员感应控制。

自然采光，本项目采用顶部采光，FRP双层成品窗，可见光透射比取0.74，满足工业建筑采光等级Ⅱ级的标准。

车间采暖采用微正压管式低强度燃气红外线辐射系统，燃烧后的尾气室外排放，不影响室内空气质量。系统配套可编程温度控制器，分区域进行温度自动控制。

厂房通风采用"自然排风＋机械排风"的通风方式，屋面设有自然通风器，自然排风；厂房周边下部设带手机旋钮开关的防雨百叶，冬季可关闭。

空调系统设置，1 号厂房采用直流变频冷暖型 VRV 空调，带全热交换新风换气机组，热交换效率大于 70%。2 号厂房采用地源热泵风机盘管加新风空调，新风机组采用全热新风交换器，额定热回收效率为 65%。地源热泵系统主机采用满液式地源热泵设备。在空调过渡季节，部分多余负荷通过地面散热、地下水流动带走，在 2 号车间内设置 200 kW 的散热设备，保证冬季和夏季的负荷平衡。

空压站设置余热回收装置，用于洗手及淋浴用热水，回收率达到 60%。

四、节水与水资源利用

项目生活用水由市政工程直接供给，厂区绿化、浇洒道路和水景给水由雨水收集、淋浴废水收集处理达标回用供给，不足部分由市政给水补充。排水采用雨、污分流制，食堂含油废水经隔油池处理，生活污水经化粪池处理后排至市政污水管网。

洗浴废水收集及再利用系统设计回收率 95%，水的重复利用率 η =32%，除作为雨水收集补水或用于厂区绿化浇水外，埋设支管至厂区外绿化带，作为市政绿化的浇灌，不收取任何费用。

办公楼、2 号厂房及辅助用房的雨水经雨水收集再利用系统收集处理后，用于厂区绿化浇水。厂区雨水采用绿地和停车场植草砖回渗。

采用节水型卫生洁具及水嘴，符合《节水型生活用水器具》（CJ 164—2002）的规定。

五、节材与材料资料利用

项目采用工业化生产的预制件：主钢构 3 224 t；MR-24 型屋面系统 31 116 m²；YX780 墙面系统 4 245 m²；所有混凝土全部采用商品混凝土 6 563 m³；起重机钢梁 3 661 m；商品砂浆 45B 钢。

项目采用可循环使用的建筑材料：主钢构 3 224 t；MR-24 型屋面系统 31 116 m²；YX780 墙面系统 4 245 m²；钢模板 3 305.09 m³；铝合金窗 45.5 m²。

项目采用的钢结构、屋面系统、墙面系统、基础工程、砖墙工程、门窗工程等 55 种主要建筑材料，可回收 41 种，可回收建筑材料占总类别的 75%。

六、室外环境与污染物控制

（1）工业粉尘、烟尘控制

喷漆室有机废气采用迷宫过滤器、玻璃纤维过滤器、双联活性炭纤维过滤器三层过滤，漆雾过滤效率为 99% 以上，有机废气吸附率为 95%，经处理后达到《大气污染物综合排放标准》（GB 16297—1996）二级排放标准。

抛丸生产线废气处理采用"大旋风＋脉冲反吹扁袋"二级除尘方式,过滤效率可达99%以上,经处理后符合《大气污染物综合排放标准》（GB 16297—1996）颗粒物二级排放标准,高空排放。

焊接烟尘处理装置废气处理采用高效率平面弹夹式滤袋,滤料材质为涤纶针刺毡,焊机与除尘器风机连锁,处理效率可达99.9%以上。

（2）固体废弃物的处置及合理利用

切割边角料、割渣、焊渣、金属屑、废焊丝等金属类废弃物可回收利用或出售,可回收量1 025.5 t/a。

废玻璃纤维、废活性炭、废油漆桶等含有机废气,为危险废弃物,收集后运往当地环保部门指定地点处理。处理量为：废漆渣63 t/a；废油漆桶1 t/a；废活性炭22 t/a；废玻璃纤维$1.7×10^4$ m²/a。

废机油、抛丸废料、焊接烟尘除尘废料、除尘灰尘,收集后运往当地环保部门指定地点处理。生活垃圾采用袋装、分类收集、固定地点堆放,由环卫部门统一运往垃圾场进行卫生填埋处理。

（3）厂区照明主要为路灯、庭院灯、草坪灯、不设泛光照明。

（4）冲压机周围设置带状减震沟,加装减震垫,工作台上铺垫硬橡胶进行缓冲减振。空压机及其他风机、水泵等设备加装减震垫,进出口设软连接减轻振动。

（5）空调主机、风机盘管、风机等设备选用效率高、振动小、噪声低的产品。空调机组、新风机组、全热交换器、通风机均设减震吊架,进出口均采用软连接。车间屋面内板采用吸声板材。车间周围加大绿化力度,使噪声最大限度地随距离自然衰减。

（6）采用钢结构焊接翻转台架,用于主钢构件拼焊夹持、固定、翻转,消除噪声污染和不安全因素。

七、室内环境与职业健康

（1）主要办公区、会议区房间设CO_2监测器,超限报警,人工干预开窗或增大新风量。

（2）抛丸粉尘、焊接烟尘、喷漆有机废气等产生的有害物质浓度经治理后达标排放,对生产厂房内部无影响。工人进入上述区域内,配备个人防护装置。对涂装作业人员进行就业前健康检查,每年进行一次职业健康检查,定期进行复查。

（3）车间屋面内板采用吸声板材。

本项目咨询团队严格按照《导则》要求,将绿色咨询工作贯穿项目建设的全过程。机械工业第六设计研究院有限公司、博思格建筑系统（西安）有限公司也将以此为契机,加快绿色工业建筑咨询体系的建设、加快绿色工业建筑评价体系的研究、开展先进适用绿色工业建筑技术研究,推动工程设计向绿色设计的转变,继续为绿色工业建筑的应用和推广工作作出努力和贡献。

参考文献

[1] 中国城市科学研究会. 中国绿色建筑[M]. 北京：中国建筑工业出版社，2013.

[2] 本书编写委员会. 建筑业 10 项新技术（2010）应用指南[M]. 北京：中国建筑工业出版社，2011.

[3] 吴兴国. 建筑节能工程施工验收及低碳工程解读[M]. 北京：中国环境科学出版社，2011.

[4] 李君. 建筑工程绿色施工与环境管理[M]. 北京：中国电力出版社，2013.